꿀벌과 함께하는
귀농 귀촌

아카시아꽃이 피었습니다

꿀벌과 함께하는 귀농 귀촌

아카시아꽃이 피었습니다

꿀벌을 사랑하는 한 남자의 양봉 귀농 귀촌 이야기

권세용 지음

좋은땅

들어가며

2억 년 이상 생존, 건재하는 공동체의 비밀은 무엇일까? 6500만 년 전 덩치가 거대한 공룡은 멸망했지만, 몸집이 작은 꿀벌은 3천만 년 넘게 생존하고 있다. 2만 개의 개체가 20만 개의 알을 키우고 매일 2kg의 꿀을 생산하는 꿀벌 공동체, 그들의 공동체가 3천만 년 넘게 건재할 수 있던 이유는 세 가지가 있다.

첫째, **"지향"**
꿀과 꽃가루가 있는 방향을 알려 주는 정찰벌이 있다.
둘째, **"협업"**
함께 일하는 수집벌이 있다.
셋째, **"배려"**
수집벌은 고참벌의 배려로 무사히 귀환한다.

꿀벌의 지향점
꿀벌 공동체의 식량이자 에너지원은 꿀과 꽃가루이다. 특히, 여왕과 유충의 먹이인 로열 젤리를 만드는 꽃가루는 1년에 20kg이 필요하다. 이는 일벌 한 마리가 몇 달간 3천 송이의 꽃을 매일 방문해야 모을 수 있는 양이다. 그러나 세상엔 너무도 많은 경쟁자들인 말벌, 나비, 파리, 풍뎅이들이 살고 있다. 이에 맞서는 꿀벌의 전략은 무엇일까?

꿀벌은 한 번도 가 보지 않은 꽃밭을 단숨에 찾아 날아간다. 여기에도 비밀이 있다. 꿀벌 공동체에서는 일벌 중 정찰벌을 따로 뽑아 미리 꽃밭을 찾아내게 한다. 정찰벌은 1cm 남짓한 체구로 30km/h의 속도로 반경 10km를 조사한다. 가깝고, 안전하고, 다량의 동종 꽃이 만발한 꽃밭을 찾는다. 최적의 꽃밭을 점찍어 둔 정찰벌들은 꽃밭과 벌집 사이를 10회 이상 왕복하며 비행 노선을 확실하게 익혀 둔다.

그런 다음 동료 수집벌들에게 최적의 비행 노선으로 꽃밭의 위치를 알려 주기 위해 꿀벌의 춤을 춘다. 일정한 각도로 맞춰 꼬리를 흔들며 엉덩이춤을 춘다. 이것이 유명한 꿀벌의 "8자 춤"이다. 100m 이내로 가까울 때는 원형 춤을, 그보다 먼 거리일 때는 태양과 벌집, 꽃밭의 위치를 일정한 각도로 맞춰 꼬리를 흔들며 엉덩이춤을 춘다. 흐린 날에는 태양빛의 파장까지도 고려하여 수 km 떨어진 꽃밭의 위치를 전달한다. 이러한 정찰벌의 활약으로 최고의 꽃밭을 향해 일사불란하게 출격하는 수집벌들. 공동체의 에너지원을 얻기 위한 꿀벌들의 "지향"이다.

꿀벌의 협업

벌통 안이 추워지면 일벌은 체온 유지를 위해 모두 함께 가슴 근육을 진동시켜 열을 발생시키는 행동을 한다. 한여름 무더위나 한겨울 혹독한 추위에도 죽지 않고 살아남을 수 있는 그들만의 협업 방법이라 할 수 있다.

수집벌은 어떻게 수많은 꽃 중에서 동료 벌이 다녀간 꽃을 가려낼 수 있을까? 그 비결은 바로 수집벌끼리의 "협업"이다. 이미 방문한 꽃에 "꿀 없음"을 나타내는 "표지 페로몬"을 발라 동료들의 시간 낭비를 막는 것이다. 신기하게도 "표지 페로몬"은 꿀이 생기면 저절로 사라진다.

꿀벌의 배려

임무를 마친 수집벌은 어떻게 무거운 꿀과 꽃가루를 가지고 무사히 돌아갈 수 있을까? 그 해답은 배려다. 수집벌의 귀환 소식이 전해진 공동체에서 일어나는 작은 움직임. 현역에서 은퇴한 고참벌들이 입구로 모인다. 그들의 배 끝에서 발산하는 것은 방향 물질 "게라니올"이다. 이 방향 물질은 귀환 중인 수집벌, 특히, 비행경험이 적은 수집벌에게 결정적 유도물질이다. 미션을 마친 수집벌은 고참벌의 배려 속에 무사히 복귀한다.

이런 과정을 반복하며 무려 수천만 년 동안 꿀벌 공동체는 굳건하게 유지될 수 있었다. 특히, 생활사를 관찰해 보면 역할 분담, 소통과 협력 및 집단 전체의 이익 추구가 그 저력이라고 볼 수 있다. 공통의 목표를 세우고 각자 주어진 임무를 성실히 수행하는 일, 어찌 보면 우리의 조직사회가 추구하는 방향과 크게 다르지 않다.

세계적 자연 전문지 「내셔널 지오그래픽」의 선임편집자 피터밀러는 저서 『Smart swarm(스마트 스웜)』에서 어떤 지휘나 감독 체계 없이도 효율적으로 조직을 운영하는 집단을 스마트 스웜(Smart swarm)이라고 정의했다. 꿀벌이 대표적이다. 집단이 머리를 맞대면 전문가를 능가하는 통찰력이 생겨 최상의 해답을 낸다는 집단지성 이론을 꿀벌을 통해 과학적으로 설명하고 있다. 사회생활과 조직사회에서 복잡한 문제에 부딪혔을 때, 꿀벌을 떠올려 보는 것은 어떨까? 꿀벌의 협업, 소통, 배려, 희생을 생활에 적용해 본다면 문제 해결의 실마리를 쉽게 찾을 수 있을 것이다. 곤충이나 동물을 관찰하면서 때로는 그들의 행동을 통해 삶의 지혜를 배우고 있음을 깨닫는다.

꿀벌이 3천만 년 넘게 멸종하지 않고 번성하는 비밀, 공동체가 하나의 목표를 지향하고, 협업으로 최선의 성과를 이끌어 내고, 서로 배려하고 희생하는 조직문화가 자리 잡고 있어서다.

쉽게 말하자면, 협동을 잘하기 때문이다.

꿀벌에게서 배울 점

사실상 꿀벌은 태생적으로 몸 구조상 날 수 없다. 몸의 형태가 불균형하기 때문에, 부상을 위해 1초에 100회 이상 날갯짓이 필요하지만 꿀벌은 무려 초당 250회 이상 날갯짓한다. 생태적으로 불가능을 후천적 노력으로 극복하는 꿀벌에게서 배움이 너무나 크다.

이렇게 깊숙하게 들여다보면 배울 것이 많은 벌이지만 대다수가 벌

하면 가장 먼저 드는 생각은 아마도 쏘일지 모른다는 두려움과 달콤한 꿀, 이 두 가지일 것이다. 이는 대부분의 사람이 벌은 꿀벌만 생각하기 때문이다. 하지만 벌 중에는 쏘지 않는 벌도 많이 있다. 잎벌, 고치벌, 맵시벌과 같은 종류의 벌은 침이 없다. 그리고 꿀벌이 모두 쏘는 것도 아니다. 벌침은 암컷의 산란관이 변한 것이다. 따라서 수벌은 종류와 무관하게 모두 쏘지 못한다.

전 세계에는 10만 종이 넘는 벌이 있고, 우리에게 친숙한 꿀벌 종류만도 5,700가지나 되며, 다른 벌이나 곤충을 잡아먹는 말벌과 같이 꿀을 모으지 않는 벌도 많다.

양봉의 역사

양봉의 역사 또한 다른 분야와 마찬가지로 동굴 벽화를 통해 알 수 있었다. 기원전 7천 년 즈음 스페인 동굴 벽화가 그려진 것을 보면 양봉의 역사는 근 1만 년 전까지 거슬러 올라간다. 우리나라에는 인도가 원산지인 동양종 즉 토종벌은 중국을 거쳐 약 2000년 전에 도입되었다. 그리고 1세기 초 고구려에 양봉기술이 전해졌다고 한다. 사람들은 동서고금을 막론하고 꿀을 귀한 식품이자 약으로 써 왔지만 정작 벌에 대해서는 양봉 관리 차원 이상의 큰 관심을 기울이지 않았다.

그런데 2000년대 초반 양봉업자들은 꿀벌 수가 급감하고 있다는 사실을 알게 되었다. 2008년부터 2013년까지 미국 전역에서 야생 꿀벌의 4분의 1 정도가 사라졌다는 논문도 있다. 지구의 극이동부터 공해,

꿀벌과 함께하는 귀농 귀촌 아카시아꽃이 피었습니다

살충제, 바이러스, 기생파리, 와이파이와 전자파 등 여러 원인이 지목됐지만 아직도 정확한 이유는 밝혀지지 않았다. 문제는 벌이 사라지면 꽃가루를 옮기는 수분에 막대한 지장이 생긴다는 점이다. 유엔환경계획(UNEP) 보고서에 따르면 세계 식량의 90%를 차지하는 작물의 70%가량이 벌에 의존한다고 한다.

아인슈타인의 발언으로 알려진 '꿀벌이 사라지면 인류도 4년 내에 멸망한다'는 경고가 새삼 피부에 와 닿는다. 매년 5월 20일은 생태계에서 벌의 중요성을 알리기 위해 유엔이 정한 '세계 벌의 날'이다. 할리우드 배우 안젤리나 졸리는 2021년 5월 20일, 몸에 페로몬을 바르고 벌을 유인해 18분간 벌에 뒤덮이는 퍼포먼스를 선보였다. 하찮은 존재로 여겨졌던 벌의 소중함을 환기하기 위한 행사였다.

정말로 벌이 멸종한다면 인간이, 혹은 지구 전체의 생명이 위험할까?

전문가들에 따르면 꽃가루받이의 30-40%가량은 나비, 파리와 같은 다른 곤충, 그리고 새와 박쥐 등이 담당한다고 한다. 분명히 생태계에 적잖은 충격이 있겠지만 인류멸망은 다소 과장됐다는 얘기다. 다만 그런 날이 오면 진짜 '꿀맛'은 다시는 맛볼 수 없게 될 것이다.

육각형 구조가 모여 만드는 벌집, 벌집의 주인인 꿀벌들은 사실 우리 사회와 비슷하게 공동체를 이루며 산다. 꿀을 모아오는 꿀벌 말고도 정찰벌, 일벌 등 다양한 일을 분업해서 하고 있다. 먼저 정찰벌을 따로 뽑아 미리 꽃밭을 찾아내고 벌집과 꽃밭을 10회 이상 왕복하며 비행 노선을 확실하게 알아 두어 동료들의 길잡이가 된다. 그런 다음 꿀을 모으는 꿀벌은 0.5kg의 꿀을 채취하기 위해서 6만 송이의 꽃을 찾아다닌다고 한다.

꽃 한 송이에서 보통 60번씩 꿀을 빨아들이니 결국 꿀벌은 360만 번의 반복된 작업을 거쳐 0.5kg의 꿀을 만들어 나르는 셈이다. 마지막으로 일벌은 집을 떠나지 않고 벌집의 온갖 잡일을 도맡아 하고, 그중 벌집의 온도 조절을 하기 위해 날갯짓으로 바람을 일으켜 에어컨 역할을 한다. 이러한 꿀벌의 공동체 정신을 통해 사회를 지탱하는 힘은 강력한 지도자의 리더십이 아니라는 것을 보여 주기도 한다. 꿀벌의 정신을 실천하는 사람들이 많을 때 그 사회와 나라는 그만큼 건전하고 강해지는 것이 아닐까 생각해 본다.

벌은 꽃에서 꿀을 얻지만, 꽃에게 상처를 남기지 않고 오히려 열매를 맺을 수 있도록 꽃을 도와준다. 이렇듯 서로 돕고 살아가는 삶을 산다면 얼마나 좋을까? 희생이라는 생각을 하지 않고, 남을 돕는 것이 나에게도 좋을 것이라고 느낄 때 비로소 함께 행복해지는 길이 아닐까?

부지런한 꿀벌은 슬퍼할 시간이 없다는 말이 있다. 벌이 그만큼 부지런하다는 것이지만 사실 다른 곤충보다 존경받는 까닭은 부지런해서가 아니라 남을 위해 일하기 때문이다. 사람이 지닐 수 있는 가장 숭고하고 아름다운 마음, 그것은 타인을 배려하는 따뜻한 마음이다. 자신을 희생하더라도 누군가를 위해 애쓰는 마음, 바로 이타의 마음이다. 이타를 동기로 시작한 일은 그렇지 않은 일보다 성공할 확률이 높고, 가끔은 예상을 훌쩍 뛰어넘은 놀라운 성과를 불러일으킨다. 자신을 희생하고 남을 위해 애쓰는 이타의 마음이 결국은 나에게도 좋은 결과로 귀결되고, 궁극적으로는 그로 인해 세상도 더 살기 좋은 곳으로 바뀌게 된다. 이타의 마음은 일석 삼조를 불러오는 고귀한 마음인 셈이다. 이 책을 읽는 독자 여러분 또한 그러한 고귀한 마음을 갖길 바라며.

2024년 1월 파주에서
홍익꿀벌 권세용

목차

제3부 파주양봉영농조합이 일하는 방식

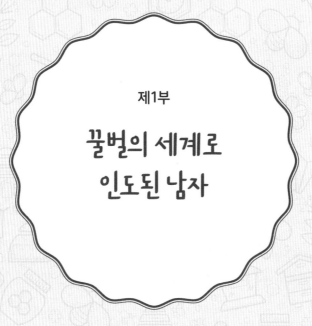

제1부

끌벌의 세계로
인도된 남자

천년의 사랑

인간은 꿀벌로 꿀벌을 닮아

인간 되어 살고

꿀벌은 인간을 닮아

꿀벌 되어 살면서

우리 서로 물들자

천년만년 하나로

권세용

꿀벌을 만나다

1990년 3월 어느 날, 칸나를 심기 위해 잔디화단을 제거하고 깊게 판 화단에 작은 자갈을 깔고 다음은 마사토로 덮고 그 위에 퇴비를 넣고 마지막으로 흙으로 덮어 마무리한 다음 구해 온 칸나 뿌리를 정성껏 심었다. 물 빠짐(배수)까지 고려하여 심어서인지 그해 여름 칸나는 무럭무럭 자라 2미터가 훌쩍 넘어 지붕 처마까지 닿을 정도로 무성하게 자라 잎은 잎대로 크고 우아한 모습으로 싱그러움을 나타내고, 원색의 빨간 꽃은 그 화려함으로 한여름을 수놓아 보는 이의 눈과 마음을 즐겁게 하였다.

칸나 뿌리를 구할 때부터 심기까지 함께한 후배 K가 나에게 다가와 이렇게 말한다. 꿀벌을 키워 보지 않겠냐고. 아니 왜 갑자기 꿀벌이냐 물으니 후배가 하는 말이 칸나를 정성 다해 심는 것을 보고 꿀벌을 키우시면 정말 잘 키우시겠다고 생각되어 추천하는 거라고 말했다. 별생각 없이 그래 한번 키워 보자 말했다. 그리고 그해 1990년 4월 10일 파주시 탄현면 덕수동의 한 지인에게 함께 가서 20만 원 주고 벌 2통을 구입하게 되었다. 33년 전 당시 그것이 나의 제2의 직업이 되리라곤 감히 상상도 못 했었다.

잠깐 후배 K의 이야기를 하자면, 그가 어릴 적부터 아버님께서 강화도에서 양봉을 하셨다. 제주도뿐 아니라 전국을 일주하시며 수십 년간 이동 양봉을 하셨는데, 후배는 자연스럽게 아버지의 꿀벌 치는 모습을 보아 왔고, 대학을 졸업할 때까지 아버님께 양봉 기술을 전수받았다고 했다. 꿀벌 치는 기술, 여왕벌 생산과 로열 젤리를 생산하는 최고급 기술까지 가히 전문가 수준이었다. 지금은 양봉 관련 기구가 현대화되어 누구나 편하게 사용할 수 있지만 그 당시에 여왕벌을 만들거나 로열 젤리를 생산하려면 자전거 바퀴 살대를 숫돌에 갈아서 이충도구로 만들어 쓰곤 했으니 그 당시로는 나름 고급 기술까지 전수받게 된 것이었다. 후배 K가 아버님은 40년이 넘게 꿀벌을 치면서 매년 일기를 쓰셨다고 말한 적이 있어, 휴가 가는 후배 K에게 부탁해서 그 기록을 접할 수 있었다. 기록된 내용의 생소한 단어들, 소비, 중소, 소광, 소상, 계상, 도봉, 배봉 등… 단어들의 정확한 뜻도 모르면서 제주도에서 강화도까지 이동하면서 자세히 기록된 1년간의 기록 3년 치를 마치 나의 기록이라도 된 듯 한 글자 한 글자 정성껏 밤새워 노트에 옮겨 적었던 생각을 하면 그때의 열정과 순수했던 마음이 지금의 나를 미소 짓게 한다.

한번은 편지를 써서 양봉의 장래성까지 질문하며 적극성을 띠고 열심히 하니까 아버님이 직접 찾아오셔서 지도해 주기도 하셨다. 꿀벌 입문과 사양기술 전수까지 나의 스승은 후배 K인 셈이다. 후배 결혼식에도 참석했는데 지금은 소식이 끊겨 연락이 없다.

서울 무학여고 정문 앞에서 태권도 체육관을 운영한다는 소식을 듣고 언제 한번 찾아가야지 하면서 실행에 옮기지 못하고 있다. 나를 꿀벌의 세계로 인도해 준 후배, 아니 전우 K를 꼭 만나고 싶다.

양봉은 설탕 꿀?

벌 2통을 구입해 그해 아주 소량의 꿀을 수확했다. 아마 간장병이 아니었나 기억되는데, 꿀을 간장병에 담아 잘 아는 지인에게 주었더니 지인이 무슨 꿀이냐고 물었다. 양봉 꿀이라고 말하니 지인이 "그러면 설탕 꿀이네."라고 하는 것이었다. 나는 "아니야. 내가 직접 생산한 진짜 꿀이야."라고 말했지만, 지인은 단호하게 "양봉은 모두가 설탕 꿀이야!"라고 아예 단정해 버리는 것이었다. 나는 멍하니 할 말을 잃었다. 내가 무슨 말을 해도 지인은 믿으려고 하지 않았다.

그렇다고 내가 꿀벌과 양봉에 대해 아는 지식이 있는 것도 아니어서 답변해 줄 상황도 아니었다. 분명 순수한 진짜 꿀이 맞는데 남들은 인정을 안 해 주니 순간 내 머리를 스치는 생각, '아! 내가 알려 줘야겠다. 양봉은 설탕 꿀이 아닌 진짜 꿀이라는 것을…' 지인과의 그 일화 이후로 꿀벌에 무지한 내가 꿀벌 관련된 서적을 찾아 밤을 새며 거의 탐독하다시피 했다. 그래서 지금은 누구를 만나든 자신 있게 꿀과 화분, 로열 젤리, 프로폴리스, 밀랍, 벌침까지 이야기해 주고 정보를 나눌 수 있게 되었다.

꿀벌과 함께하는 귀농 귀촌 아카시아꽃이 피었습니다

이러한 과정을 거쳐 수년이 지나니 다른 봉우들보다 꿀을 더 많이 팔수 있었고 남들이 한 병 팔 때 나는 두 병을 팔게 되고, 이렇게 시작된 판로 개척이 지금은 생산보다 유통에 더 많은 역점을 둘 정도로 번창하게 된 것이 아닌가 싶다. 뿐만 아니라 지금의 조합 운영과 봉산물을 이용하여 다른 상품 개발까지 가능하지 않았나 생각해 본다. 후배 K로부터 꿀벌을 소개받은 꿀벌과의 만남은, 이후 관련 서적을 접하면서 더욱 깊게 꿀벌의 세계로 빠져들게 되었다.

3년 차 2통에서 104군으로

(경기 파주)

분양 군수 : 100군 중 80군

92년생 여왕 봉

강세군 유지

가격은 면담 후 결정

경기도 파주군 금촌읍 아동3리 산20

APT 가동 603호

T(0348) 941-8454

권세용

위 내용은 대구 동아양봉원에서 발행하는 「월간 양봉계」 1993년 2월 호에 실린 월동 봉군 분양 안내 내용이다. 1990년 4월 10일 2통을 구입 해 그해 6군을 분봉, 이듬해는 42군 분봉, 3년 차에 104군을 분봉하여 「월간 양봉계」에 유료 광고비를 주고 종봉 분양 광고를 냈는데, 당시 충남 당진의 K 봉우가 군당 십만 원에 분양받아 갔다. 지금 생각해도 30년 전 일이긴 하지만 정말로 꿀벌의 매력에 빠져 열정이 대단했다. 틈만 나면 꿀벌과 함께했으며 6군에서 42군으로 분봉할 때는 소비가 없어 L 씨 봉장에 버려진 소비를 얻어 쓰기도 했다. 휴일이면 아내와 봉장에서 오래되고 버려진 묵은 소비를 벌집과 철선을 제거하고 깨끗이 세척하여 말린 다음 새 철선으로 매선하여 인두로 한 장 한 장 소초를 붙여 사용했다. 사군상 15통을 이용하여 5월부터 8월까지 여왕을 양성하여 종봉을 늘려 평균 6-7매 벌의 세력으로 월동이 가능했고, 분양까지 했던 것 같다. 비어 있는 창고를 얻어 햇빛을 차단하고 암실로 만든 다음, 초보자가 겁도 없이 몇십 년 베테랑 양봉가도 쉽게 하지 못하는 창고 월동으로 분양까지 했다. 그래도 질병 없이 키우고 그해 꿀 생산도 많이 했는데, 1992년엔 날씨도 좋아 아카시 꿀 27말, 밤꿀 12말, 야생화 꿀 23말 총 62말을 생산하고, 종봉은 종봉대로 42군에서 104군까지 늘릴 수 있지 않았나 생각된다. 이렇게까지 많은 군수로 종봉을 늘린 것은 아카시 꿀 채밀 시기에 이동하지 않고 고정으로 키웠기에 꿀 생산도 많이 하고 종봉도 많이 늘릴 수 있었다고 생각된다. 100군 중 53군을 분양했으니 지금 생각해도 대단한 일이다. 직장을 다니면서 토요일 오후나 일요일, 평일에는 새벽이나 밤에만 시간이 나기 때문에 하루 24시간을 나누고 쪼개서 꿀벌에 대한 열정 하나로 바쁜 일상을 보내곤 했다. 지금 하라면 할 수 없을 것 같다. 그땐 아마 꿀벌에 대한 나의 순수한 열정과 용기에서 나온 결과였던 것 같다.

21년 6개월 10일

1975년 2월 21일에 입대해서 1996년 8월 31일에 퇴역했으니 정확히 21년 6개월 10일 동안 군복을 입고 생활했다. 젊음을 불태운 긴 병영 생활, 나를 기억하는 지인들은 나를 만날 때면 궁금해하며 늘 하는 말이 '군 생활을 할 것 같지 않은데 어떻게 군 생활을 하느냐.'는 것이었다. 아마 외향적이지 않고 다소 내성적인 성격 때문에 그런 생각을 했을 것이라 짐작이 간다. 하지만 나름 최선을 다했기에 자랑스럽게 퇴역을 할 수 있었다. 파란만장했던 병영 생활, 1975년 2월 21일 정오에 의성역에서 병영열차를 타고 논산 연무대에 새벽녘에 도착했다. 27연대에서 훈련병으로, 또 하사관의 꿈을 안고 가평 제3하사관 학교에 입학하여 7개월의 훈련과정을 수료했다. 하사 계급장을 달고 서울 구파발에 있는 30사단 91연대 3대대 9중대로 자대 배치를 받아 분대장과 선임하사 부소대장으로 근무, 1982년 6월 1일 새롭게 창설되는 101여단 창설 요원으로 30사단에서 최고의 전투력을 자랑하던 우리 대대가 이등병부터 대대장까지 101여단 3대대로 편성되어 파주 최전방 경계부대에 배치되어 생활했다. 지금은 파주가 제2의 고향으로, 아들과 딸이 유치원부터 대학까지, 그리고 결혼하여 손주들이 초등학교와 중학교에 다니고 있으니 내 고향은 아니지만 내 소중한 가족들의 고향이 아닌가. 중대에서 대대로, 대대에서 여단으로, 보직을 이동하며 하사관으로 최고의 계급인 상사로 진급, 여단 수색대 인사계로 보직을 받아 100명이 넘는 중대원을 어떻게 하면 가족처럼 병영 생활을 신나고 재미있게 할 것인가 고민하고 준비하고 실천했던 지난 세월을 떠올려 본다. 준비하고 계획한 것들을 하나하나 실천하며 혈기 넘치는 젊은 전우들과의 병영 생활이 시작되었다. 사기가 저하된 중대원들을 위해 어떻게 하면 떨어진 사기를 회복하고 정상적인 수색대로 꾸려 갈 것인가 고민하며, 가장 먼저 시작한 것이 간부와 병사들간의 소통 즉 대화였다.

첫 번째로, 새로 전입 온 이등병 간담회와 생일자 간담회를 월별로 시행했다. 고충과 건의 사항을 듣고 발전 방향의 의견을 수렴하고 또 격려하는 자리로 만들었더니 반응이 좋았다.

두 번째로 시작한 일은 월간 중대 신문 발간, 아마 국방부에서 발행하는 「전우신문」을 빼면 군 최초가 아닌가 생각한다. 당시 중대장인 L 대위가 창간호부터 마지막까지 발행한 신문을 퇴임 후 요청하여 어렵게 마련해 주었는데 정작 나는 하나도 남기지 못한 것이 지금도 아쉬움이 남는다. 신문의 이름은 「수색대」였다. 수색대가 발간되기까지 재능 있는 병사들의 도움으로 발행과 동시 완판. 매월 신문이 발행되기를 기다려지는 신문으로 중대원들에게 최고의 인기를 누렸다.

이어서 세 번째로 시작한 것이 금연운동이다. 군에 가면 못 피우던 담배도 피운다고 했는데 나는 혈기 넘치는 젊은 병사를 대상으로 금연운동을 시작했으니, 처음엔 반발도 만만치 않았다. 하지만 꾸준히 금연의 폐해를 수시로 설명하고 영상도 보여 주며, 또 사단법인 금연운동본부로부터 도움을 받아 열심히 한 결과, 시작할 때 중대원의 흡연 비율은 95%에서 60%까지 감소하는 성과를 올렸다. 이렇게까지 가능했던 것은, 금연운동을 통해 지급되는 화랑 담배를 처음엔 휴가 때 선물로, 또 이웃 마을 노인정이나 양로원에 담배를 기부하고, 나중엔 담배 대신 돈으로 나와 불우이웃에 기부하기도 했다. 금연율을 높이기 위해 분대원이 9명인데 모두가 금연운동에 성공하면 중대장의 표창장을 수여하고 분대원 모두 특별휴가를 주니, 금연 병사들에게는 최고의 선물이 되었다. 이러한 금연운동이 자리를 잡아 부대 내에 알려지게 되고, 공군을 비롯한 여러 부대에서 금연운동본부로부터 소개를 받고 전화를 해 오면 금연 노하우와 관련 자료를 보내 주기도 했다. 이러한 일들이 파주지역 신문에 실리고 연말엔 파주시장 표창 상신을 하라는 연락을 받고 중대원을 대신해 금연 공로가 큰 분대장을 선발하여 표창을 받아 오기도 했다. 이듬해엔 금연운동본부에서 5월 31일 세계 금연의 날을 기념하며 금연운동 공로자에게 표창을 수여한다면서 나에게 서울 프레스 센터에서 열리는 행사에 참석하라는 연락을 받았다. 부대장에게 보고하니 사복을 입고 행사에 참석하고 오라는 지시를 받고 각계각층의 금연운동의 사례를 듣고, 앞으로 금연운동에 더욱 최선을 다할 것을 다짐하기도 했다. 현역 군인이 국방부 장관의 표창을 받아야 마땅한데 보건복지부 장관의 표창을 받아 뜻밖이긴 했지만 지금까지도 나 자신에게 자랑스럽게 생각하는 부분이다.

네 번째로 시행했던 것은 중대원들이 가장 신나고 좋아했던 분대별 회식이다. 힘들고 고된 훈련이 끝나면 당시는 상상도 할 수 없는 파격적인 회식! 바로 분대별 회식, 휴대용 가스버너와 불판을 하나씩 준비하고 돼지고기 삼겹살, 각종 야채, 쌈장, 막걸리(개인당 한 잔), 김치 그리고 다과를 준비해 놓고 내무반에서 분대장이 중심이 되어 분대별로 둘러앉아 막걸리에 삼겹살 파티를 한 것이다. 당시엔 상상도 못 하는 것이지만, 많은 불판과 가스버너는 금촌 시내 식당에서 잠시 빌려오고 또 회식이 끝나고 10시 취침할 때까지 간부들은 퇴근하지 않는 조건으로 행해진 병사들에겐 입대 후 최고의 즐거운 시간이었다. 이를 계기로 분대별 삼겹살 막걸리 회식이 부대 내에 소문이 나고 이후 회식문화가 바뀌는 계기가 되기도 했다.

다섯 번째로 부대 특성상 육체적 강도 높은 훈련으로 중대원들에게 하루의 피곤함을 잊게 하는 시간은 취침 시간이다. 점호가 끝나고 9시 55분부터 10시 5분까지 10분간, 소질이 있는 병사를 선발하여 준비된 신청곡과 전문 DJ의 멘트로 하루의 피로를 풀고 편안한 잠자리에 들 수 있도록 DJ 박스를 운영하였다. 갈수록 중대원의 참여도가 높아지고 날로 인기가 많아져 갔던 기억이 있다.

여섯 번째로 중대원의 사기를 높일 수 있는 일이 있을까 생각하다가 1년에 한 번 가족과 만날 수 있는 만남의 날 행사를 계획하고 시행했다. 부대 내 큰 강당을 이용하여 토요일 하루 가족과 더불어 사회자로 선정된 전문 MC 즉 소질이 있는 병사의 진행으로 오락을 즐기고, 면회 온 병사 전원을 특별외박으로 이어지는 "비사 가족 만남의 날 행사" 중대원 모두가 기다리던 인기 많은 행사였다.

일곱 번째로 시행했던 것은 수색대는 특별히 훈련도 많고 힘도 들지만 그만큼 군복에 붙이는 마크도 많아 휴가 때면 금촌역 앞 마크사에 가는 대신 개인의 시간과 사비를 조금이라도 절약할 수 있게 해 주고자 중대에서 공업용 재봉틀을 구입했다. 소질이 있는 병사를 재봉사로 임명하고 저렴한 가격으로 군복에 부착해 주니 시간과 금액 모두 절약할 수 있어서 중대원들이 너무나 좋아했다. 이 또한 성공사례로 각 부대 전파되어 자랑스럽게 생각된다.

여덟 번째, 병영의 일상 중에 간부들이 퇴근한 토요일 오후부터 일요일까지 보다 재미있고 알차게 보내기 위해 생각한 것이 독서실과 야외 휴게실이었다. 공사를 시작하여 준공 테이프를 커팅하고, 휴게실 내부는 이발소와 독서실 그리고 간단하나마 분대별로 라면을 끓여 먹으면서 분대별 간담회를 할 수 있는 공간까지 마련하여, 무료한 주말과 휴일에 병사들이 자율적으로 운영하게 했다. 그리고 무엇보다도 파격적인 것은 중대 행정반에 일반전화 설치였다. 당시로선 중대 내에 일반전화 개설은 부대 내 최초일 뿐만 아니라 가히 파격적이라 할 수 있는 일이었다. 일과 후 자유 시간을 이용 간부의 입회 아래 부모님이나 애인 친구에게 전화할 수 있도록 하고 전화비는 본인이 부담하게 했다. 전화기 옆에 무인 동전함을 설치하고 자율적으로 운영하니 얼마 되지 않는 금액이긴 했지만 항상 마이너스였던 걸로 기억한다.

21년간의 군 생활 중 가장 기억에 남는 이야기를 하나 할까 한다. 어느 월요일 아침 출근을 하여 행정반으로 들어가니 서울대 출신의 교육계 C 상병이 라면을 끓여서 중대장실로 들어가는 것이다. 아침을 먹지 않고 출근한 중대장에게 라면을 끓여 준 것이다. 그런데 여단장이 아침 상황 보고를 받고 곧바로 여단장실로 가지 않고 바로 옆에 있는 수색대로 오시는 것이 아닌가. 나와 중대장은 여단장을 맞이하는데 여단장께서 벽에 붙은 게시판 주간 교육 예정표가 지난주 것이 그대로 있는 것을 보고, 교체하지 않았다고 중대장에게 호통을 치며 중대원 교육을 소홀히 한다고 크게 질책하셨다. 그리고 행정반을 시찰하고, 연결된 3소대 내무반으로 문을 여는데 뒤따라가던 나에게도 라면 냄새가 나는 것이 아닌가. 분명 여단장님도 냄새를 맡았을 텐데 내무반 끝까지 살피고 다시 돌아올 때 병기대 옆에서 라면 끓인 흔적이 그대로 남아 있었다. 3소대와 행정병이 같은 내무반을 사용하고 중대에 전입 온 신병도 잠시 생활하는 곳이기도 하다. 중대원 교육은 중대장이지만 병사들의 내무 생활의 책임은 나에게 있기에, 여단장이 나를 쳐다보며 행보관 어떻게 된 거냐고 다그친다. 순간 망설이다 답하길 '죄송합니다. 제가 아침을 먹지 않고 출근하여 제가 끓여 먹었습니다.'라고 답변하니 여단장은 '집이 어디야, 몇 시에 출근했어?'라며 화를 내셨다. '병사들에게 모범을 보여야지 신병들도 있는데 이러면 되겠어?'라며 호통을 치셨다. 두 번 다시 이런 일이 없도록 하겠다고 죄송하다고 말씀드리니 병사들 앞에서 모범을 보이라고 지시하고 마무리가 되었다. 여단장이 돌아가고 중대장은 미안해하며 나와 얼굴을 마주치지도 못하고 교육계 C 상병은 잘못했다고 용서를 구한다. 그때를 생각하면 지금도 아찔하다.

(물론 그 일로 불이익을 접하기도 했다) 당시 부대원들은, 중대장과 동기인 인사처 인사장교를 제외하고 사령부 간부들은 아직도 라면 사건을 내가 끓여 먹은 걸로 기억하고 있지만, 순간 중대장을 보호해야겠다는 생각과 판단을 지금껏 한 번도 후회한 적은 없다. 40여 년이 지난 일들이지만 지금 생각해 보니 수색대원들에게 조금 더 잘해 줄 수 있었는데 하는 아쉬움도 남고, 나 자신의 의지가 가장 많이 묻어 있는 병영 생활이 아니었나 생각한다. 자랑스러웠던 101여단 수색대 병영 생활을 끝으로 퇴역 후 부대가 없어지긴 했지만 21년 군 생활 중 기억이 마치 어제 일처럼 생생하다.

나폴레옹, 황제대관식 때
벌 문양을 강요한 이유?

인류가 꿀벌을 이용하기 시작한 최초의 증거는 스페인 발렌시아에서 발견된 "여성의 꿀벌사냥" 암각화로, 기록된 시기는 기원전 7000년경으로 추정된다. 고대 그리스 신화에는 제우스신이 어린 시절 반인반신이었던 자매에게 양육될 때 산양의 젖과 꿀로 키워졌다고 기록되어졌고, 의학의 아버지 히포크라테스(기원전 460-375)는 열이 날 때 벌꿀을 음용토록 하는 등 벌꿀을 귀중한 의약소재로 활용하기도 하였다.

그리스의 아리스토텔레스(기원전 384-322)는 유리로 벌통을 만들어 관찰하고 벌의 습성과 밀랍 등의 산물에 대하여 저술하기도 하였으며, 아인슈타인이 갈파한 유명한 말 "꿀벌이 사라지면 인류도 4년 내로 멸망한다."라는 말이 있다. 꿀벌의 상징성으로 고대 이집트 수메르에서는 왕을 상징하는 문자가 꿀벌의 형상이었으며, 이집트 초기왕조에서는 왕을 "꿀벌의 임금"이라 호칭하기도 했다. 중세 서양에서는 왕족, 귀족 가문의 휘장에 불멸과 부활의 상징으로 꿀벌 문양이 애용되었는데, 꿀벌은 겨울에 죽은 듯이 동면해 있다가 봄이 되면 어김없이 돌아오는 습성에서 연유했다고 한다.

나폴레옹은 황제 대관식(1804년)에서 벌 무늬 옷을 입었으며 주변국의 휘장에 충성의 표시로 벌 문양을 넣을 것을 강요했다고 한다. 꿀벌은 근면, 성실, 단결, 합리, 신성, 고귀함, 노력 등의 상징으로 인식되어 신화, 우화, 속담, 격언의 소재로도 활용 서양에서는 "벌처럼 바쁘다." "혀에 꿀방울이 떨어진다(아첨한다).", "부지런한 꿀벌은 슬퍼할 시간이 없다." 등의 표현이나 격언이 존재한다.

우리나라에서는 주로 위계질서를 강조한 봉의군신(벌과 개미도 왕과 신하가 있다) 같은 비유가 기록되었다. 꿀벌 산업은 17세기 이후에 빠른 속도로 발달하기 시작하여 현재 꿀벌 산업이 가장 발달된 나라로는 미국과 캐나다가 있으며, 호주와 뉴질랜드도 천혜의 자연환경을 바탕으로 빠르게 성장하였다.

이와 같은 사실을 입증이라도 하듯이 지구촌의 선진국일수록 농업이 발달했고 농업이 발달한 선진국은 모두가 양봉산업이 발달해 있다. 심지어 미국에서는 주끼리 꿀벌 전쟁을 치르기도 했고, 이상 기후로 꿀벌 활동을 하지 않으면 헬기를 동원 꿀벌 먹이를 살포하기도 했고, 지금도 아몬드 농장에는 꿀벌이 수정하지 않으면 법적으로 판매를 못 하게 정해져 있다고 하니 가히 꿀벌의 위상을 짐작해 볼 수 있다.

삼국사기에 꿀벌 이용 기록

우리나라의 꿀벌 이용은 고구려의 동명성왕(BC 37-19) 때 인도로부터 중국을 거쳐 동양종 꿀벌이 도입된 것이 시초라고 『삼국사기』에 기록되어 있다. 백제 의자왕의 태자가 선진적인 벌 이용 기술을 신라와 일본에 전했다는 기록이『일본서기』에 존재한다.

근대적인 의미의 꿀벌 사육은 독일계 구걸근 신부가 1910년대 일본을 통해 수십 통을 도입, 보급한 것이 시초다. 현재 국내 꿀벌의 규모는 200만 통 정도로 토종벌이 약 30만 통, 서양종 벌이 약 170만 통으로 구성되어 키우고 있다. 인간에게 꿀벌은 다양한 가치를 지니는 꿀벌 산업으로 발전되어 온 것이다.

꿀벌은 생태계 보전이라는 공익적 가치를 갖는데 전 세계 주요 100대 농작물의 71%가 꿀벌 수정에 의존하고 있으며, 우리나라에서 꿀벌이 농작물 수분에 기여하는 경제적 가치는 약 6조 원으로 평가된다. 어디 이뿐인가! 호박은 꿀벌이 수정해 주지 않으면 100% 열매가 열리지 않는다. 꿀벌을 통해 제철이 아닐 때에도 다양한 과일을 얻을 수 있게 되었다.

겨울철 꿀벌이 악조건의 좁은 비닐하우스 안에서 수정을 하여 자란 딸기, 참외, 수박 등 맛난 과일들이 얻어진다. 또 꿀벌의 수정을 통해 얻은 과일들은 육질도 단단하고 당도도 높고 크고 맛있을 뿐만 아니라 결실률과 색깔도 좋다. 기형과 발생률이나 질병에 대한 저항성까지 좋으며 노동력 절감에서 경제성에 이르기까지 꿀벌의 수정을 통해서 얻어지는 것은 돈으로 환산할 수 없는 어마어마한 가치를 수행한다.

일찍이 미 농무성에서는 꿀벌이 식물의 수정을 통해 얻은 2차 경제적 이익은 1차의 봉산물보다 143배나 더 크다고 발표했다. 이렇듯 꿀벌이 다른 곤충보다 존경받는 까닭은 부지런해서가 아니라 남을 위해 일하기 때문이다. 그래서 나는 30년 전 다짐했다. 어떠한 난관이 나에게 닥치더라도 생을 다하는 날까지 꿀벌과 함께할 거라고.

꿀벌 할아버지(해암 조도행)의 편지

1993년 11월 15일 가평군 설악면 희곡리 안골에 사시는 꿀벌 할아버지 조도행 님으로부터 편지 한 통을 받았다. 지금 작고하셨지만 생전의 꿀벌의 열정은 정말 대단하셨다. 일찍이 일본에 유학하여 호세이대학 경제학부를 마친 교육자로 한때에는 정계에도 투신하였다가 은퇴한 후 경기도 가평군 청평호반에서 양봉에 전념, 현역 양봉가이자 저술가(『양봉 사계절 관리법』 외 다수)시다.

선대에서부터 양봉을 시작하여 자신을 포함, 막내 아드님까지 3대째 가업을 계승하고 있는 우리나라에서는 흔치 않은 가업 삼대를 이룬 분이다. 오직 경험에서 얻은 지식으로 꿀벌 관련 서적도 여러 권 내셨고 지금의 한국 양봉이 발전하기까지 꿀벌 할아버지가 계셨기에 가능하지 않았나 하는 생각마저 든다. 편지내용을 소개해 보려고 한다.

"귀하의 건의대로 국방부에 아카시나무 연구회에서 건의하였습니다. 지금 아카시나무 연구회에서 아카시나무도 소나무 잣나무와 같이 보호림이 되도록 추진 중에 있습니다. … (중략) … 그리고 몸이 허약하면 명예도 재산도 지나가는 구름에 지나지 않습니다. 건강한 사람만이 행복한 가정을 누릴 수 있고 즐거운 인생을 만끽할 수 있습니다."

봉우님들은 자신이 노력하여 봉산물 채취할 수 있으니, 많이 생산하여 부모님께 효도하라는 말씀의 2장의 편지를 받았다. 양봉 입문 초창기에 주변에서 무분별하게 벌채하는 아카시나무가 너무나 안타까워 장문의 편지를 보냈는데 답장을 보내 주셔서 당시 너무나 고맙고 힘이 났다. 지금 나보다 연배이시고 한국양봉협회 부회장까지 하신 꿀벌 할아버지의 막내아들과 가끔 통화하며 안부를 묻고 지내고 있다.

한국양봉협회 정회원에 가입한 이유

1992년 협회 정회원으로 가입하면서 협회에서 발행하는 월간 「양봉신문」을(지금은 월간지로 발행되지만 당시에는 월간 신문이었다) 받아보면서 양봉 업계의 전반적인 현황과 정보를 제공받을 수 있어 초보자인 나에게 양봉 관련 지식을 습득하는 데 큰 도움이 되었다.

1993년으로 기억된다. 당시 양봉협회장은 최초로 정부를 상대로 꿀벌 긴급방역 약품을 2억 원 이상 지원을 받아 전국양봉 농가에 나누어 주는 쾌거를 이루었다. 당시 협회 신문을 보고, 당시 경기지회 총무였던 용인군 회장에게 찾아가 양봉 회원에게 할당된 진드기약을 받고, 총무에게 파주에서 용인까지 거리가 있으니 이웃 봉우들의 약을 주면 가서 나누어 주겠다고 요청하니, 단호하게 안 된다며 거절하는 것이다.

그러면 긴급방역 약품을 받을 수 있는 방법이 무어냐고 물으니 총무가 상세하게 말해 준다. 한국양봉협회 경기지회 산하 파주분회를 결성하면 약을 총무나 회장에게 줄 수 있다고 하면서 결성하는 방법까지 상세하게 말해 주었다.

마음속으로 다짐을 했다. 꼭 파주에도 양봉 단체를 결성하겠다고! 내 약만 받아 돌아오면서 많은 생각을 했다. 이 일을 계기로 2년 후 파주 양봉 분회 및 연구회 창립 시발점이 되었다.

이동 양봉가를 만나다

꿀벌을 제2의 직업으로 다짐하기 전에는 정말로 몰랐다. 5월이 되어도 주변에 아카시 꽃이 피었는지, 나무는 얼마나 있는지, 또 주변에 꿀벌과 양봉 농가는 있는지 정보가 전무한 상태였다. 꿀벌의 서적을 탐독하며 전업 양봉가를 꿈꾸면서 느낀 것은 일반적인 노력과 실천으로 어느 정도 양봉 농가로 흉내는 낼 수 있었지만, 오랜 경력에서 얻어지는 노하우는 돈을 주고 살 수도, 시험을 치러 자격증처럼 획득할 수도 없다는 것이다.

이동 양봉가는 아카시 꽃이 피면 남북으로 길게 늘어진 우리나라 지형대로 남쪽부터 개화전선을 따라 이동하며 꿀을 수확하는데, 집시처럼 객지에서 텐트 생활의 고생이 이만저만이 아니다. 피곤한 생활의 연속이라 지역 양봉 농가가 술까지 들고 위문을 왔으니 아마도 무척이나 반갑고 고마웠으리라 짐작이 간다. 이렇게 이동 양봉가와 고정 양봉 농가를 찾아다니며 부족하고 미천한 경험을 조금이나마 도움을 받고자 2년 연속으로 휴가를 내어 도저히 채울 수 없었던 경력의 노하우를 귀동냥하며 나의 입지를 넓혔다. 이 또한 훗날 파주시 양봉 단체를 창립하는 데 일조를 하였다.

호주산 이탈리안 종 파운드 벌 분양 시도

1994년 2월 19일 종봉 개량을 위해 대구 동아양봉원에서 수입하여 분양하는 호주산 파운드 벌 15군을 신청하였다. 그러나 3월 10일에서 15일로 연장되었다가 급기야 파운드 벌 수입이 취소되었다. 이유는 세관 통과 절차가 까다롭고, 일부 양봉인이 파운드 벌 수입 반대 의견을 당국에 진정서를 올리면서 취소된 것이다. 이듬해인 1995년 다시 종봉 개량을 위해 호주산 이탈리안 종 파운드 벌 분양을 시도하였다.

파운드 벌을 받기 위해 벌통을 공소비 1장과 꿀 소비 1장, 화분 소비 1장, 총 3매의 소비로 정리하고 뒷 소비 1장은 공소비로 정리했다. 벌통 뚜껑을 열고 비닐로 공상 및 소비를 가온시키고, 3월 4일 14시 김포군 당하리 동물검역소 서부지소 계류장으로 출발하였다. 3시 30분에 도착하여 차례를 기다리다 16시에 패키지별로 5군씩 작게 짜여진 3통을 받아 승용차에 싣고 와 미리 준비한 공상(빈 벌통)에 무사히 안착시켰다. 애지중지 관찰하며 키운 벌은, 강군은 3월 27일 첫 증소를 하였으니 23일 만이다. 예상대로라면 3월 말이나 4월 초는 파운드 벌 전군 증소 가능할 것 같았다. 봉개 된 모양이나 태어난 유봉도 수벌처럼 크고 좋았다.

수입 꿀벌은 서양종 이탈리안으로 황금색을 띠고 소문대로 순하고 수밀력 좋고 질병에도 강하고 분봉성도 괜찮았다. 다만 월동 성적이 염려되었는데 기존의 벌과 비교했을 때 나쁘지 않았다. 특히 중부나 경기지역에서는 진달래가 만개하면 낙봉이 심한데 파운드 벌은 낙봉피해가 덜했다. 나는 이러한 파운드 벌을 파주 농가에 알려야겠다고 생각했다. 그래야 종봉 개량도 하고 파주 양봉 농가가 더 발전할 수 있을 것이라는 생각에 닿았다. 파주 농가에 이탈리안 순종을 보급하기 위해, 아카시 꿀 채밀 후 종봉 개량을 목적으로 수입한 이탈리안 파운드 벌을 이충, 90여 개를 만들어 출방 직전에 사전 약속된 파주 봉우들에게 직접 차에 싣고 나누어 주었다.

지금 생각하니, 꿀벌에 대한 사랑과 열정이 정말 대단했던 것 같다. 나 개인의 이익만을 위해 양봉을 했다면 이룰 수 없던 일들, 비록 오해와 편견으로 어려움에 부딪힌 적도 많았으며 손해를 본 일도 적지 않았지만, 그럼에도 불구하고 그때의 꿀벌에 대한 진심 어린 마음과 양봉의 열정을 지금도 후회하지는 않는다.

사단법인 한국양봉협회 경기지회 파주군 분회 및 연구회 창립

1995년 4월 7일 지인의 소개로 파주군 탄현에 사는 J 씨를 만났다. 거두절미하고 내가 회원구성은 다 알아 두었으니 파주시에 양봉 단체가 절실히 필요한 지금, 단체장을 맡아 달라고 하니 J 씨는 흔쾌히 수락해 주었다. 총무는 다른 사람에게 도움을 청하였지만 본인의 자리가 아니라며 손사래를 쳤다. 또 J 씨는 내가 총무를 하지 않으면 자신도 회장을 할 수 없다고 해서 할 수 없이 내가 총무를 맡기로 하였다. 양봉협회 창립의 가장 어려운 난관인 임원 구성이 해결된 것이다.

그렇게 하여 1995년 4월 7일 지금의 파주시 농업기술센터 3층 대강당에서 40여 명의 내외 귀빈과 양봉 농가들이 참석한 가운데, 역사적인 사단법인 한국양봉협회 경기지회 파주군 분회 및 연구회가 창립되었다. 회칙을 만들고 임원과 운영위원을 구성하고 앞으로의 분회 운영 계획을 세우고, 경기도에서 가장 앞서가는 여주군 회장님께 도움을 요청하여 모범적인 사례들을 파주분회에 접목하였다. 비록 시작은 부족했지만, 경기도에서 최고의 양봉 단체로 발돋움하기 위해 최선을 다했다.

이후로도 분회 차원에서 꿀병 및 상자 공동구매, 사료 공동구매 사업 등과 같은 자체 공동사업을 다양하게 시행하였다. 이를 위해서 나를 비롯한 당시 40대 초반이었던 초대 회장과 열정을 가진 모든 회원들이 휴일도 반납하고 자기 화물차로 꿀병과 사료를 운반해 주는 수고를 아끼지 않았다. 그 당시 양봉 단체를 창립하기 전후로 뜻을 같이한 봉우님들 모두 하나같이 열정이 대단했던 것 같다.

정신없이 바쁜 일정을 보내는 가운데 나 개인적으론 사단법인 금연운동협의회로부터 금연운동 공로가 인정되어 수상자로 선정을 통보받고 5월 31일 세계 금연의 날을 기념하여 보건복지부 장관 표창을 서울 프레스센터에서 받기도 했다. 또 양봉에 입문하여 10월 등불 켜고 내검하고 소비정리, 아마 처음이자 마지막으로 하지 않았나 생각되고 개인적으로 몸이 열 개라도 모자랄 정도로 바쁘게 보낸 한 해였던 것 같다.

홍익 양봉원 개원

파주지역 양봉농가 편의와 발전을 위해 양봉원이 절실히 필요함을 느꼈다. 그래서 검산2리 321번지 구 마을회관을 월 50,000원 2년간 사용하기로 하고 당시 마을 이장과 계약을 했다. 꿀벌과의 동행을 시작하면서 벌꿀의 가격이 아무리 싸게 거래되어도 나는 꿀벌과 함께할 것이라고 나 자신과 다짐을 했다. 그전까지만 해도 양봉 기자재 취급점인 양봉원을 운영한다는 생각은 사실 꿈에도 없었다.

양봉협회 산하 파주 양봉 단체를 설립하기 위해 준비하는 과정에서 인근에 있는 한 원장에게 창립일을 알리고 동참해 줄 것을 전화로 말씀 드렸더니 자기는 참여할 의사가 없다고 딱 잘라 말하곤 일방적으로 전화를 끊어 버렸다. 양봉원과 양봉 농가는 실과 바늘 같은 관계다 보니 서로에게 꼭 필요한데 당시엔 이해할 수가 없었다. 양봉농가 창립총회를 무사히 마치고 얼마 지난 후 농가들로부터 항의 전화를 받았다. 그 내용은 양봉 단체는 양봉 농가를 위함인데 양봉 농가를 더 어렵게 한다는 것이었다.

이유는 이러했다. 동참을 요구했던 인근 양봉원에서 창립총회 참석자 명단을 출입문 입구에 대자보처럼 붙여 놓고 양봉원 출입을 못 하게 하고 맨 위쪽엔 주동자 아무개를 붉은 글씨로 크게 써 놓았다는 것이었다. 그러면서 협회 차원에서 양봉 기자재를 편하게 구입할 수 있도록 해 달라는 것이었다. 난감했다. 하루빨리 양봉 농가에서 원하는 양봉 기자재를 구입할 수 있도록 해야 하는데…. 고심 끝에 초대회장과 임원진이 모여 대책을 논의했으나 별다른 해결책이 없었다. 회원 중에 누군가가 양봉원을 운영해야 하는데 모두가 이런저런 이유로 거절하며 결국 나밖에 할 사람이 없다면서 화살이 나에게로 돌아왔다.

양봉을 시작하면서 몇 차례 인근 양봉원을 자재 구입차 방문했지만 내가 원하는 자재는 없을 때가 많았다. 그래서 우리나라에서 당시론 가장 큰 양봉원이었던 대구의 동아 양봉원과 고려 양봉원을 이용해야 했다. 그 당시 택배도 없어 전화로 주문하면 대구에서 서울역을 거쳐 금촌역까지 기차로 운송되어 받아 쓰곤 했는데, 양봉원 자재 관련 모든 것에 아는 바가 하나도 없는 나로서는 눈앞이 캄캄했다.

하지만 결정을 내려야 했다. 양봉원을 할 것인가 말 것인가를. 결국엔 회원들의 성원에 어쩔 수 없이 마음의 결심을 내렸다. 경험이 전무했지만 이 또한 나에게 주어진 운명이라면 받아들이기로 마음먹었다.

어설픈 준비 기간을 끝내고 그해 11월 26일, 역사적인 홍익 양봉원의 간판을 걸었다. 당시 회원들에게 한 약속은 구입하는 자재의 운송비는 홍익 양봉원에서 부담하고 자재 가격은 대구의 동아 양봉원이나 고려 양봉원에서 판매하는 가격 그대로 판매하는 것이었다. 당시론 가히 파격적인 가격이 아닐 수 없다. 왜 이러한 파격적인 결정을 하게 되었을까? 아마도 그땐 파주 양봉 농가에 봉사한다는 생각이 앞선게 아닌가 생각된다. 꿀벌이 좋아서 시작했고 또 양봉 단체까지 결성했으니 나름 내가 책임져야 한다는 사명감이 있었던 것 같다.

회원들이 너무나 좋아했다. 가격도 저렴하지만 양봉 농가가 원하는 모든 제품들이 다 있고, 심지어 신제품들이 다 있으니 우리 회원들이 아카시 꽃이 피면 파주로 이동해 온 전국의 양봉인들에게 자랑하며 너무나 좋아했다. 그래서 좋아하는 회원들을 위해 정보도 교환하고 새로운 지식도 나누고, 꿀벌의 종봉도 개량하고 기자재도 개발하고 꿀벌의 사양기술도 공유하며 함께 키워 온 파주의 작은 홍익 양봉원이 회원들의 입소문으로 전국에 전파되어 홍익 양봉원이 알려지게 되었다.

그것이 오늘의 파주양봉영농조합으로 성장하기에 이르렀다. 이렇게 되기까지 파주의 양봉인들이 서로 동고동락하며 응원해 준 덕분이 아닌가 생각된다.

그렇게 꿀벌 농가와 함께해 온 홍익 양봉원 기자재 취급을 아내와 상의 끝에 2018년을 마지막으로 그만두고, 30년 가까이 함께 한 홍익 양봉원을 지인에게 인계하였다. 아쉬움이 무척이나 많지만 지금은 오직 양봉산물 생산과 유통, 그리고 봉산물을 이용한 식품 개발에만 전념하며 사랑하는 꿀벌과 함께 양봉인으로 살아가고 있다.

비무장지대의 꿀벌

파주는 천혜의 자연조건을 완벽하게 갖춘 꿀벌의 천국이며 휴전선 일대 비무장지대를 보유한 청정 지역이다. 이러한 지리적 특성을 살려 봉산물을 생산한다면 최고의 인기 상품으로 소비자로부터 신뢰와 판로가 보장될 것이며 더불어 양봉 농가의 소득도 뒷받침될 것이라는 생각이 들었다.

초대 회장과 상의하여 비무장지대 꿀을 지역 특화 상품으로 개발하기로 마음을 먹었다. 그래서 먼저는 비무장지대 꿀을 생산하고자 희망하는 파주군 농가 모두가 민간인 통제구역의 출입을 위해 알아보니 너무나 큰 장벽이 앞을 가로막고 있었다. 이미 전방 비무장지대 내의 풍부한 밀원지 일대는 양봉업계 전국의 지도자급이며, 수십 년 경력의 베테랑 양봉가가 완전히 자리 잡고 그 누구도 근접할 수 없는 것이 아닌가? 심지어 통일촌에 거주하는 우리 회원들조차 이들로 인하여 축소 한정된 지역에만이 꿀을 채취해야 하는 웃지 못할 일이 벌어지고 있었다.

오죽했으면 당시 문산 통일촌 운영위원 중 한 분의 말에 따르면 파주 농가들의 전방 출입은 아마 쉽지 않을 거라고 했다. 이유인즉 파주지역은 군 1사단 작전지역인데 오래전부터 군 보안대를 통해 바둑판처럼 지도에 경계가 그어져 아무나 출입할 수 없고 출입 가능한 양봉 농가는 정해져 있다고 했다.

삼화지역, 극동지역, 공주지역, 파주지역 등 지역의 대표가 선정되어 매년 출입하는 농가의 출입증을 만들어 주고, 군 정보 관련 부처와 사전 약속된 장소에서 보안에 관련된 행동과 약속을 지킬 것을 서약도 하고, 정해진 지역에서 벌통을 놓고 꿀 생산이 가능하도록 했던 것이다.

군수님의 지지

앞이 막막했다. 어디서부터 시작해야 하나…. 그래서 회장과 나는 일단 시장님을 찾아 양봉 농가의 어려움과 현실을 말씀드리고, 천혜의 자연조건을 갖춘 파주 비무장지대의 꿀을 파주의 특산품으로 탄생할 수 있도록 당시 군수님께 간곡히 말씀드렸다. 다행히 군수님께서는 흔쾌히 동의와 적극적인 지지를 말씀도 해 주시며 격려해 주었다.

파주시의 협조 공문을 1사단으로 보내고, 회장과 나는 관할 부대인 1사단 사단장의 면담을 요청하였다. 사단장을 대신하여 관련 부서의 담당자와 면담하여 드디어 농가 모두가 바라던 전방의 출입이 허락되었다. 그 당시 기쁨은 이루 말할 수 없이 좋았다. 남쪽 아카시 개화 전 전방 출입 희망 농가 접수를 받아 사전 남방한계선 일대를 답사하기로 하고, 트럭과 봉고차에 나누어 타고 파주지역 남방한계선을 동에서 서로 이동하면서 임진강 남쪽에서 접근이 용이한 지역으로 나누어 벌통을 놓고 싶은 벌 터를 선정하여 벌을 놓으라고 하였다.

단, 통일촌에 거주하는 농가에 절대 피해를 줘서는 안 된다고 하고, 비무장지대 인근이니 미확인 지뢰밭 안전과 부대에서 요구한 행동지침과 약속을 꼭 지키라고 당부하고 전방 답사를 무사히 마치고 돌아왔다. 물론 출입증은 회장 총무 발품 팔아 무료로 받았고 이듬해부터는 자발적으로 전방 출입 농가는 5만 원의 협회 기탁금을 냈다. 이러한 일련의 과정에 모든 것이 순탄하지 않고 어렵게 진행되기도 했지만 농가의 숙원사업을 성사시킨 이 기쁨은 이루 말할 수 없었다.

원주 백 씨 봉장 견학

기술센터의 지원으로 선진지 견학을 가게 되었다. 강원도 백 씨 봉장과 강원지회장의 봉장 2개소를 견학하기로 하고, 당일로 아침 일찍 기술센터에 집결하였다. 무려 80명이 넘는 회원이 참가하여 대형버스 2대로 출발하게 되었다. 기술센터 소장님 이하 관계자들도 창립한 지 얼마 되지 않았는데 그 짧은 기간에 이렇듯 단합이 잘 되고 열성적으로 활동을 하는 것에 놀라워했다. 앞으로 적극적으로 지원을 하겠다며 선진지 견학에 참여한 회원들에게 버스 안에서 격려해 주시며 우리 농가 회원님들의 사기를 북돋아 주었다.

버스 안에서 꿀벌의 이야기로 시간 가는 줄도 모르게 고속도로를 달려, 첫 번째 선진지인 강원 밀봉원의 백 씨 봉장에 도착하였다. 백 씨는 서울대를 나온 학사 출신으로 우리나라 양봉업계를 대표하는 원로 양봉인의 한 사람으로서 전국에서 견학을 올 만큼 모범적인 1세대 선배 양봉인으로서 매우 존경받는 양봉가다.

추운 강원도의 겨울을 꿀벌이 잘 날 수 있도록 설계되고 깨끗한 물을 항시 흐르도록 설치한 급수장, 꿀벌의 쏠림현상을 막기 위해 잔디로 아름답게 꾸며 놓은 계단식 봉장 전체가 초보자들이 태반인 우리 회원들이 '아! 이것이 꿀벌이 행복하게 살아갈 수 있는 집이구나'라고 느끼며 감탄하기에 충분했다.

백 원장님의 봉장 설명과 회원들의 궁금증이 증폭되어 많은 질문들이 이어지고, 시간 가는 줄도 모르게 견학 일정을 마무리할 수 있었다. 다시 한번 이 글을 통해 원주 밀봉원 백 원장님께 감사 인사를 드리고 싶다.

너무 많은 시간을 1차 견학지에서 지체하여 서둘러 2차 견학지인 강원지회장 봉장에 안내를 받으며 도착하였다. 깊은 산골 하우스로 설치된 봉장, 1봉장과 2봉장으로 나누어져 있는데 우리가 도착한 봉장은 2봉장이었다. 수십 년 베테랑 양봉가답게 꿀벌 사양기술을 설명해 주시고 질의응답으로 일정을 마무리할 수 있었다. 가장 인상 깊었던 것은 마지막으로 해 주신 말씀이었다.

'벌 1군당 연중 꿀 수확량을 1드럼으로 생산하는 것이 목표.'라고…. 아직도 생생하게 기억된다. 이렇듯 성공적인 견학과 연 2회 기술센터 꿀벌 교육, 임원과 회원들 간의 돈독한 우의를 다지는 가운데, 회원들은 날로 증가하였다. 그리고 파주군과 농업기술센터의 아낌없는 지원에 힘입어 승승장구 날로 발전하여 경기도에서 가장 많은 7명의 대의원을 확보하는 양봉 단체로 우뚝 서게 된 것이다.

양봉 농가의 의미 있는 단합회

우리 양봉인들을 설레게 했던 5월 아카시 꿀 생산이 끝나고, 밤꽃이 피기 전, 조금은 한가한 시기를 틈타 양봉 농가 단합회를 가졌다. 전국을 이동하며 꿀 생산에 쉼 없이 달려온 회원들에게 잠시 쉬어 가는 시간을 마련해 주고 푸짐한 음식과 여름 과일 그리고 막걸리와 음료 등을 준비하여 회포를 푸는 꿀만큼이나 아주 달콤한 시간이었다.

특히 이 자리엔 당시 파주축협 조합장님과 시청 축산과 양봉 담당자님을 초청하였는데 이유는 이러했다. 1990년 귀농을 결심하고 여러 가지 고심하던 차, 꿀벌도 가축에 속한다는 것을 알고 파주축협 본점을 찾아가 조합원 가입을 신청하니 담당자가 하는 말이 '축협은 소, 돼지, 닭 위주로 운영되기 때문에 양봉은 조합원으로 가입해도 별로 도움을 줄 수 있는 것이 없다.'면서 달갑지 않게 말하는 것이 아닌가? 그래서 그때 조합원 가입을 포기하고 말았는데, 후에 곰곰이 생각하니 귀농을 하면 어딘가 비빌 언덕이 필요하다는 결론을 내리게 되었다.

다시 축협에 찾아가 50만 원의 조합비를 출자하고 가입했다. 양봉조합원의 축협 가입 여부에 대한 현 실태를 확인하니 내가 처음 가입한 것이었다. 당시만 해도 파주축협은 재정이 탄탄하여 조합원들에게 혜택도 많았다. 기존의 축종마다 축산계가 구성되어 활발하게 활동하는 것을 보고 나도 보다 조직화된 축협 조합원으로 활동하기 위해 파주 양봉 축산계를 구성해야겠다는 생각을 하게 되어 우리 회원들에게 축협 조합원으로 가입을 권장, 기회 있을 때마다 축협을 홍보하였다. 그런 와중에 이번 단합회에 파주 축협 조합장님께 파주 양봉인 100여 농가가 넘으니 회원 모두가 축협조합원으로 가입할 수 있도록 말씀해 주실 것을 사전 부탁드리고 초청한 것이다.

그리고 짧은 시간에 협회 및 연구회 발족, 회원 증대와 연구회 활동이 활발하게 이루어지도록 회원들에게 격려해 주시길 부탁드리며 시청 양봉 담당자님을 초청한 것이다. (세월이 흘러 축협 내 양봉 축산계가 결성되고, 조합원이 164명으로 늘어나, 축협에서 젖소, 한우 다음으로 세 번째로 많은 조합원을 확보하게 되었고 축협이 조금만 노력한다면 300명의 조합원 확보는 그리 어렵진 않을 것이다.)

양봉 농가 모두의 축협 조합원에서 축협 운영의 중심이 되어 꿀벌과 함께 살아갈 날을 맞이할 것만 같다. 5월 아카시 꿀 생산을 위해 1년간 노심초사하며 꿀벌과 함께하며 힘들었던 지난날을 잊고, 아카시 꿀 수확의 기쁨을 맞이한 후라 회원 모두가 만족한 단합회였다. 6월의 푸르름이 더해 가는 그늘 아래서 임원진이 원했던 대로 행사는 잘 갈무리될 수 있었다.

국내 유일한 오디 꿀

국내 최초 꽃꿀이 아닌 열매 과즙 꿀을 생산하여 선보인 적이 있다. 당시 적성에서 양봉을 하는 대선배이신 한 분과 양봉원에서 꿀벌 이야기를 하는 중에 하시는 말씀이 '전방에서 아카시 꿀과 잡화 꿀을 뜨고 비무장지대 인근엔 밤꽃이 없어 밤꽃이 필 때까지 그대로 두었는데, 이제 집 주변에 꽃이 피기 시작하여 적성 봉장으로 이동하기 위해 벌통을 차에 실으려고 들어올리자 무거워서 들 수가 없었다.'는 것이 아닌가. 이상하게 생각하고 다시 뚜껑을 열고 확인하니 꿀이 잔뜩 들어 있는데, 맛을 보니 생전 맛보지 못한 꿀맛! 그래서 가까운 밭에서 밭일하는 아주머니들을 불러 맛을 보게 하니, 맛을 보는 즉시 하는 말이 '이거 오디 맛이네' 하더라는 것이다. 그때 무릎을 탁 치면서 '맞다.' 하면서, 그 당시 오디 꿀 생산 과정을 실감 나게 나에게 알려 주었다.

이러한 사실을 파주 회원님들께 전해 주고 그 이듬해 오디 꿀을 생산해야겠다는 마음을 먹고, 비무장지대의 근접한 도라산 인근, 지금은 남북 출입국관리 시설이 있는 자리로 이동하여 아카시 꿀 생산, 이어서 쪽제비 싸리 꿀을 생산하였다. 이어서 오디 꿀이 유입되는 시점에 민통선 지역이라 오후 6시까지 나가야 하기에 서둘러 나가려고 마지막으로 소문을 확인하는데, 배가 불러 툭 하고 떨어지는 벌을 잡아 살포시 배를 눌러 꿀맛을 보니 농익은 오디 맛이 아닌가. 아! 탄성이 절로 나왔다.

그때 그 기분은 무어라 형언할 수가 없었다. 많은 양은 아니지만 채밀하여 협회 검사실로 보내었다. 당시 검사실 소장으로부터 검사 결과를 받았는데, 검사 결과도 좋게 나왔지만 맛이 일품이라는 기분 좋은 평을 들었다. 비무장 지대 장단면 일대는 6.25 이전 양잠을 많이 해서 인간의 손길이 닿지 않는 비무장지대 지뢰밭에는 원시림 그대로 아름드리 뽕나무가 밀림처럼 서식하며 자라고 있다. 아카시 꽃이 지고 전방에 유난히 많은 쪽제비 싸리 꽃이 지고 밤꽃이 필 때까지 유밀이 되지 않아, 온도가 높고 비가 오지 않으면 농익은 당도 높은 오디가 땅에 떨어지면서 터지면 그 달콤한 과즙을 벌들이 물고 와 저장하니, 최초의 꽃꿀이 아닌 과즙 꿀이 탄생한 것이다.

그 색깔이 특히 새 벌집에 저장된 것은 아주 맑고 고운 반투명한 붉은색으로 보기가 좋아 오랫동안 보관하며 오디 꿀을 회원들에게 알려주었다. 그 후 매년 오디 꿀을 생산하였는데 오디 꿀은 다른 꿀에 비해 당도가 낮아 당뇨 환자가 좋아해 고가로 판매할 수 있었다. 어느 해는 3말을 한 고객이 모두 팔라고 사정을 한 적도 있다. 그래서 나도 일 년 동안 오디 꿀을 홍보하면서 판매를 해야 하니 도리어 사정을 하여 1말만 백만 원을 받고 팔기도 하였다.

아직도 일부 회원들 중에는 오디 꿀의 실체를 믿지 않고 쪽제비 꿀과 섞인 맛좋은 잡화 꿀로 알고 있기도 하다. 온도가 높고 가물어야 당도 높은 꿀이 생산되는 오디 꿀은 국내 유일의 천혜의 원시림이 존재하는 비무장지대 지뢰밭의 순수 자연의 맛이라고 할 수 있다. 꿀벌이 주는 최고의 선물 오디 꿀! 이 꿀을 있게 만든 선배 양봉인 송경용 님께 지면으로나마 감사를 드린다.

양봉 후계자의 꿈

많은 젊은 사람들이 농촌으로 귀농하여 각 작목별 후계자가 되기를
원한다. 당시 후계자의 기준은 만 40세였지만 지금은 고령화된 농촌을
살리기 위한 일환으로 기준을 만 50세로 완화했다. 후계자가 되기 위
한 과정이 쉽지만은 않지만 가장 중요한 것은, 자신이 원하는 작물이나
축종을 얼마나 열정을 가지고 연구하고 혼신의 노력을 다하여 지역 농
촌을 살리는 데 이바지하느냐 하는 것이다.

곧 자신의 의지와 실천에 달려 있는 것이다.

이렇게 농촌에서 젊은 후계자로서 고령화가 지속되는 농촌을 살리
고 농촌의 지도자로서 역량과 구체적인 실천 계획이 있는지를, 심사를
거쳐 후계자로 선정이 되면, 정부의 지원이 정말 획기적이다.

첫째, 국방의 의무가 면제된다.

둘째, 농축산업의 정착에 필요한 농지 구입, 주택 구입 등 필요로 하
는 자금을 지원 및 무이자 혹은 장기 저금리로 지원해 준다.

셋째, 정착 후에도 농축산물 유통이나 각종 정부 지원사업을 우선하
여 지원된다.

넷째, 낙후되고 고령화된 농촌을 이끌어 갈 농촌 지도자로 자부심과

긍지로 자랑스런 경영인으로 살아갈 수 있다.

이러한 여러 가지 이유 때문에 마흔둘 젊은 나이에 양봉 후계자의 삶을 선택하기로 마음먹고, 전업 양봉 농가의 길을 실현하기 위해, 진흥청, 시청, 농업기술센터 등 다방면으로 알아보았지만 가능성이 없었다. 당시 후계자의 자격 기준이 만 40세로 정해졌기 때문에, 나는 만 41세로 한 살이 더 많아 자격이 없었다. 너무나 아쉬웠다. 지금 생각해 보니 부부가 함께 귀농했으니 조건에 맞는 가족(아내) 이름으로 할 수도 있었는데 하는 아쉬움이 남는다.

고향이 아닌 타향에서 토박이도 쉽지 않은 양봉 영농후계자로 선정된다는 것은 쉬운 일은 아니지만, 꿀벌과 남은 반평생을 함께하기로 마음먹은 이상 파주군 최초의 양봉 후계자가 되고 싶었다. 하지만 나이가 한 살이 더 많아 후계자의 꿈은 좌절되어 실망은 되었지만, 꼭 후계자가 되어야만이 꿀벌과 함께하는 것이 아니기에 후계자의 꿈은 좌절되었지만, 평생 꿀벌과의 삶은 더 굳건히 다지는 계기가 되었다.

꿀벌 후계자의 길

나는 후회 없이 전진하리라 마음먹었다. 가만히 생각해 보니 내가 꿀벌을 좋아하고 키우는 목적이 후계자가 아니더라도 얼마든지 실현 가능하고, 또 꿀벌을 좋아하는 젊은이가 있다면 그걸로 족하지 않은가라고 생각하며 아쉬움을 달랬다. 그래서 주변의 꿀벌을 더 열정적으로 관리하고 성실한 젊은 봉우들에게 권장하기로 마음먹었다.

가장 먼저 후계자의 길을 소개하고 추천한 봉우는 고양시에서 양봉을 하는 한 젊은 봉우였다. 후계자로 신청하고 본인이 계획한대로 후계자로 선정되고 고양시 총무에 이어 양봉 회장을 하고 이어서 고양시 후계자단체 회장을 역임하기도 했으니 본인은 말할 것도 없고, 추천한 나로서도 너무나 자랑스런 양봉인이 아닌가.

두 번째로 말한 봉우는 그 황토 벌꿀로 유명한 한 봉우이다. 특히 봉산물에 남다른 관심과 열정으로 양봉 농가소득에 이바지하는 양봉인으로 파주시 농업인 대상까지 수상하는 저력을 발휘하며 지금도 봉산물 생산하며 꿀벌과의 삶을 자랑스럽게 여기며 생활하고 있다.

세 번째로 말한 봉우는 파주의 한 봉우, 꿀벌과 늘 함께하며, 파주시 총무에 이어 양봉 회장을 역임하고 지금은 한국양봉농협 이사로 활동하는 꿈과 야망이 언제나 충만한 양봉인이다. 학구열 또한 대단하여 이동 양봉을 하면서 바쁜 일상을 쪼개고 나누어 만학의 꿈을 이룬 성실한 양봉가로 머지않은 미래에 한국양봉산업협동조합을 이끌어 갈 주역으로 지금도 땀을 흘리고 있다.

네 번째로 추천한 봉우는 파주의 또 다른 한 봉우다. 비무장지대 인근인 장단반도에서 5만 평 이상을 경작하는 대농으로, 아버지의 권유에 따라 꿀벌에 입문하여 천혜의 자연환경을 자랑하는 임진강변과 휴전선 인근에서, 수백 군의 꿀벌과 함께 파주를 대표하는 봉산물 '비무장지대 꿀' 생산을 부부가 늘 함께하면서 성실한 농업 경영자이자 양봉 후계자로 땀을 흘리고 있다. 비록 내가 이루지 못한 양봉 후계자의 길이지만, 젊은 양봉 후계자들과 꿀벌과 늘 함께할 수 있는 것만으로 충분히 만족한다.

생태계의 보고

한반도 평화의 길목이자 중심지인 파주, DMZ 다양한 생물이 있는 천혜 보고 지대, 그리고 70년이 넘도록 인간의 손길이 닿지 않은 유일한 곳인 지구촌 모두가 보호해야 하는 보존 가치 높은 휴전선 일대, 이 휴전선은 1953년 7월 27일에 조인된 정전 협정에 근거하여 남북 간 군사분계선이 확정되고 쌍방이 이 선으로부터 '각기 2km씩 후퇴함으로써 설정된 선'이다. 사람들은 그곳을 흔히 생태계의 보고이며 평화의 땅이라고 말한다. 아이러니하게도 지뢰가 동식물을 보호하는 곳! 누가 돌보지 않아도 철 따라 동물들이 노닐고 다양한 들꽃들이 피어나는 이곳에 그 어떤 논리나 이론 따위는 없다.

수년 전 환경부에 따르면 DMZ는 민통선 포함 남한 면적의 1.6%로서 아주 좁은 땅일 뿐이다. 이렇게 작은 곳엔 한반도 생물 2만 4,325종의 20%, 멸종위기 222종의 41%가 서식하고 있다는 생물종 다양성의 풍부함을 방증하는 발표가 있기도 하다. 식물은 거의 꽃가루받이를 통해서 '씨앗'이라는 자식을 생산한다. 만일 꿀벌이 사라져 이를 돕지 못한다면 어떤 일이 발생할까? 식물은 제대로 된 결실을 기약할 수 없을뿐더러 식물을 먹이로 사는 동물들에게는 생존의 위험으로 직결된다. '꿀벌이 사라지면 인류는 기껏해야 4년 정도 더 살 수 있을 것이다.'라는 아인슈타인 박사의 예언을 되새겨 볼 일이다.

그래서 나는 제2의 고향이자 아들, 딸과 손주들이 태어나고 자란 파주가 너무나 좋다. 또한 사랑하는 꿀벌, 그리고 젊은 양봉 후계자들과 함께할 수 있다는 것이 너무나 자랑스럽고 행복하다.

꿀벌을 보며 주문처럼 외우시던 말

　햇살 좋은 따사로운 어느 오후, 사랑방 앞 모퉁이에 망건을 쓰시고 긴 곰방대를 들고 편안하게 자리 잡으신 할아버지. 분주하게 소문을 출입하는 꿀벌의 일거수일투족을 관찰하시다가 일벌과 모양이 조금 다른 몸짓이 큰 수벌을 발견하면 재빠르게 긴 곰방대를 이용하여 잡으셨다. 당시엔 잘 이해가 안 됐지만 지금 생각해 보니 일벌은 열심히 일하며 꿀과 화분을 모아 오는 데 반해 수벌은 일을 하지 않고 무위도식하니 할아버지께서는 시간만 나면 통나무 벌통에 황토를 바른 벌통 앞에서 늘 수벌을 잡으셨던 기억이 난다.

　어느 여름날인가 시골집 넓은 뒷마당 가장자리에 아름드리 큰 밤나무에 분봉이 나서 벌 무리가 한곳에 뭉치기 시작했다. 어느 정도 시간이 지나고 조금 잠잠해지면 미리 준비한 박 바가지에 끈을 달고 꿀을 묻힌 것에 길다란 약쑥 뭉치로 할아버지께서 나무에 올라가 박 바가지 안으로 조심스럽게 정성을 다하여 꿀벌을 유인하시면서 이때 주문처럼 외우시던 말이 있었다.
　'새집에서 나하고 살자. 나하고 살자. 새집에서 나하고 살자. 나하고

살자.'

그러면 신기하게도 벌이 바가지 안으로 다 들어갔다. 그런 다음에 할아버지께서는 양지바른 처마 밑 미리 준비해 놓은 황토를 바른 나무 벌통 위에 벌무리가 아래로 가도록 바가지를 놓고 황토로 이음새를 바르셨다. 그렇게 하면 분봉 받는 것이 끝이 난다. 어릴 때 기억으로는 분봉 받는 일은 온 가족이 조마조마하게 마음을 졸이며 지켜보고, 꿀벌의 신접살림 남을 경사스럽게 맞이했던 것 같다.

할아버지께서는 콩나물시루처럼 생긴 도구와 그릇을 따뜻한 사랑방 아랫목에 두고 꿀이 든 벌집을 으깨어 놓고 이불을 덮어 놓으면 따뜻한 아랫목 온기를 받아 꿀이 깨끗하게 걸러지고 걸러진 꿀을 꿀단지에 담아 사랑방 벽장에 보관하셨다. 가족이 아프거나 감기라도 걸리면 꿀 한 숟가락씩을 타서 꿀물을 먹곤 했는데, 아마 그래서 가족 모두가 건강하지 않았나 하는 생각이 든다.

할아버지와 손자

삼 형제가 할아버지와 함께 사랑방에서 잠을 자며 생활했던 터라 할아버지께서 출타하시고 안 계시면 몰래 벽장의 꿀을 훔쳐 먹곤 했는데 지금도 그 꿀맛의 달콤함을 잊지 못한다. 하루는 할아버지와 함께 꿀을 걸러낸 찌꺼기 벌집을 으깬 것을 가지고 밀랍 초를 만드는 작업을 했다. 그때 그만 내가 잘못하여 할아버지의 긴 수염을 다 태우는 큰 실수를 하고 안절부절못했던 기억이 지금도 생생하다.

언제인가 할아버지와 함께 대구로 꿀단지를 들고 주문받은 꿀을 팔려고 긴 시간 동안 버스를 타고 애지중지 들고 온 꿀을 5천 원인지 5만 원인지 너무 오래된 일이라 잘 기억나진 않지만 그 당시로 꽤나 큰돈인 것으로 기억된다. 꿀을 산 고객이 꿀단지를 묶은 끈을 풀고 한지 뚜껑을 열어 수저로 한 숟가락 뜨더니 결정된 꿀이 허옇게 뒤집어지고 고객께서는 만족해하시는 표정을 지으시던 모습이 생생하게 살아난다.

내가 군 입대를 하고 15년 지난 후 꿀벌에 입문하여 파주에서 꿀벌을 키우고 있을 때 시골 계시는 삼촌께서 위암으로 서울대학 병원에 입원하셨는데 이때 꿀을 한 병 들고 입원하신 삼촌께 병문안을 갔다. 그때 삼촌께서 하시는 말씀이 '용이 너가 벌을 키우나? 너 고조할아버지가 벌을 아주 많이 키우셨다. 그 당시 채밀한 꿀을 고향 의성에서 대구로 또 멀리는 부산까지 꿀을 판매하셨다.'는 말씀을 해 주셨다. 나는 새로운 사실에 놀라지 않을 수가 없었다. 그러고 보니 할아버지는 3대 독자로 증조할아버지의 사랑을 받으며 자연스럽게 꿀벌을 키우시는 방법을 전수받은 것이 아닌가 하는 생각이 든다.

군 시절 후배 전우의 권유로 아주 우연찮게 꿀벌을 키우게 되었는데 이는 유년기 할아버지께서 꿀벌을 키우시는 것을 보았던 기억과 고조할아버지의 유전적 기질을 이어받은 것이 아닐까 생각이 든다. 그러고 보니 5대에 걸쳐 꿀벌을 키우는 셈이다. 이렇게 이어받은 위대한 유산이 하나 더 있다. 할아버지께서는 일제 강점기 때 독립운동을 하시다가 6개월간의 옥고를 치르셨기에 독립유공자 후손으로 사촌을 포함 24명의 손주들 중에 5명이 보훈처로부터 도움을 받고 있으니 선대 할아버지로부터 물려받은 것은 꿀벌만이 아닌 것 같다.

두 분 할아버지와의 추억

한지에 콩기름으로 여러 번 아주 여러 번 빛바랜 듯 접이식 누런 종이 바둑판을 마주하고 앉은 두 분의 할아버지, 한 분은 친할아버지시고 또 한 분은 문중 재실을 관리하시는 종친 어른이신 친구의 할아버지시다. 끈과 뚜껑이 달린 깡통 안에는 바둑알이 가득 들어 있었다. 그런데 지금의 바둑알과 전혀 다른 까만 조약돌과 하얀 조개껍질 조각들이다. 두 분 할아버지는 진지하고 근엄한 모습으로 바둑알을 놓기 시작하는데 이 또한 지금의 방식과 전혀 다른 종이 바둑판 위 24개의 화점에 조약돌과 조개껍질을 즉 흑과 백 돌을 번갈아 놓는 것이다. 그러니까 24개의 화점에 흑백을 사이좋게 나누어 놓고 마지막 화점에 흑 돌인 조약돌을 놓으면서 361개의 반상의 전투는 시작된다.

유년 시절 사랑방에서 함께 잠을 자며 생활했기에 긴 수염을 쓰다듬으시며 마주 앉아 바둑을 두시는 모습을 자주 보았던 터라 자연스럽게 나도 바둑을 좋아하지 않았나 하는 생각이 든다. 지난날 젊었을 적엔 바둑책을 독학하면서 실력이 꽤나 올라 아마추어 2급까지 되었는데, 제대 후 바쁘게 살다 보니 지금은 가까이하지 못하고 있다.

손주와 마주 앉아 지난 유년 시절 지금의 손주의 고조할아버지께서 사용하시던 바둑돌 그대로, 그때의 바둑판은 아니지만 고조할아버지의 손때가 묻은 조약돌과 조개껍질 조각 돌로 선조의 얼을 되새기며 그대로 재현해 보곤 한다.

지금도 아쉬움이 남는 것은 군 입대하여 생활하던 중에 할아버지께서 돌아가셨는데, 휴가 내어 선산에 모시고 유품인 바둑알인 조약돌과 조개껍질만 장손인 내가 지금까지 보관하고 있다. 다만 콩기름 바른 종이 바둑판과 바둑알을 담는 빛바랜 모진 세월을 함께 했던 끈과 뚜껑이 달린 깡통을 챙기지 못한 것이 아직까지도 두고두고 아쉬움이 남는다.

삼천리 금수강산

꿀벌이 8kg의 꿀을 먹어야 겨우 1kg의 밀랍을 만드는 아주 귀한 물질, 이 밀랍으로 800년 전 선조들은 한자를 섬세하게 조각해 밀랍 가지를 만들고, 진흙과 함께 주형틀에 넣어 말린 뒤 뜨거운 가마 속에서 밀랍을 녹여 낸다. 밀랍이 녹아내린 틈 사이로 1,200도의 쇳물을 넣어 식히면 딱딱히 굳은 진흙 속에서 금속활자가 원래 모습으로 되살아난다. 지구상에서 가장 오래된 금속활자 직지심경, 1300년경 밀랍 조각을 사용 정밀하게 글자를 새기고 닥나무로 만든 한지를 이용한 세계 최초의 금속활자이다.

성경은 1400년경에 만들어지고 어두운 곳에 보관해야 하는 단점이 있지만, 팔만대장경이 800년을 견딘 것도 옻나무의 옻칠 때문에 세계 최고의 작품으로 기록된 것이다. 많은 사람들이 옻나무는 피부 알레르기 때문에 싫어하지만, 꿀만은 알레르기 반응의 부작용이 없어 기능성 꿀로 고가로 판매되고, 맛 또한 일품이라 대중에 인기도 많다.

지구상에 살고 있는 식물의 종류는 대략 40여만 종, 이 중 꽃 피는 식물은 25만 종에 이른다. 우리나라는 4,500여 종의 식물이 살고 이 중 밀원식물은 560여 종이다. 다행스러운 것은 우리나라 국토 면적에 비해 나무 종류가 다양하게 많다는 것이다.

또 여러 나무를 갖추어 심으면 봄에는 꽃을 보고 여름에는 그늘에서 쉬고 가을에는 열매를 먹는다. 또 재목과 살림살이를 다 나무에서 얻을 수 있다. 식물은 뿌리를 내린 바로 그 자리에서 한평생 산다. 하지만 아무 곳에서나 뿌리를 내리지는 않는다. 소나무가 물속에서 살지 못하고 연꽃이 산에서 살지 못하듯이 식물은 꼭 알맞은 곳이 아니면 뿌리를 내리지 않는다.

우리나라에서 자라는 식물은 기후와 풍토가 자신들에게 알맞기 때문에 잘 자란다. 날씨가 따뜻하고 비가 많이 내리는 편이다. 봄, 여름, 가을, 겨울, 사계절이 뚜렷하고 지형이 남북으로 길게 놓여 있다. 그래서 4,500종이 넘는 식물이 자라고 600종이 넘는 나무가 자라서 울창한 숲을 이룬다. 우리 겨레는 숲이 베풀어 주는 은혜를 듬뿍 받으며 살아왔다. 숲이 생기려면 한 해에 적어도 750㎖ 넘게 비가 내려야 한다. 우리나라는 평균 1100㎖ 넘게 오기 때문에 숲이 생기기에 넉넉하다. 기온도 11도 아주 춥지도 않고 아주 덥지도 않은 온대 기후라 숲이 생기기에 알맞다. 지구상 우리나라의 땅은 0.18%, 그런데 식물의 수종은 독일은 60여 종인데 비해 한국은 무려 4,500종이나 된다. 이렇듯 식물의 천국인 아름다운 한반도에 꿀벌과 더불어 아름다운 금수강산을 이루는 것이 아닐까 하는 생각이 든다.

꿀벌의 공익적 가치는 143배이고 나무의 공익적 가치는 33배이다. 이 둘을 합하면 176배가 된다. 600년 전인 1418년 태종 18년 3월 24일 임금은 호조의 건의대로 1년에 공물로 나라에 바치는 꿀을 감안, 전국의 산이 있는 각 고을 즉 산군에 양봉 통을 나누어 정해 꿀벌을 기르게 했다. 말하자면 나라에서 필요한 꿀을 확보하기 위해 꿀벌을 기르는 통(양봉)을 설치하게 했다는 『조선왕조실록』의 내용이다. 예로부터 꿀은 귀했고, 아무나 맛볼 수 없었다. 그런 만큼 꿀은 신선을 위한 선약으로, 꿀벌은 신선의 사자로까지 소개됐다. 신라 신문왕은 결혼 폐백 예물로 보낼 정도였다.

중국에서 선호되던 꿀

꿀이 들어간 고려 때는 중국에까지 알려져 인기였다. 꿀이 이랬기에 백성은 벌꿀을 공물로 바쳐야 했고 지배층과 관리, 권세가들에게 빼앗겼고, 당시 꿀은 뇌물로도 쓰였다. 물론 백성들이 양봉으로 얻은 꿀로 돈을 벌 수도 있었지만 이 땅의 힘 있는 자는 꿀벌을 기르는 대신 수탈에 능했기에 꿀과 양봉은 이래저래 백성의 짐이었다.

태종이 양봉 통 설치로 백성 부담을 덜게 한 까닭이다. 그런데 1420년『세종실록』기록을 보면 임금의 뜻은 잘 이행되지 않은 듯하다. "지금 관가의 벌통을 양봉하는 민가에 갖다 두고 해마다 거기에서 생산되는 꿀을 거둬들임으로 백성이 모두 싫어하고 귀찮게 여겨 양봉하는 사람이 적어지므로 마침내 벌꿀의 값이 비싸게 되었사오니 모두 혁파하여 백성의 폐해를 덜어 주옵소서."

우리 양봉은 바다 건너 일본에도 전해졌다. 주인공은 백제 의자왕 아들인 태자 부여풍으로, 그는 643년 꿀벌 판 4장을 갖고 미와산에서 양봉하다 실패하고 말았다. 일본에서는 꿀벌이란 단어조차 없어 "파리떼"로 여길 즈음이다. 발해는 739년 일본에 꿀을 수출까지 했다. 이 같은 역사적 사실로 일본 양봉 역사의 시작은 백제 태자 부여풍으로 되어 있다.

국내 유일의 양봉 특구인 경북 칠곡에 꿀 주제의 꿀벌 나라 공원에 다양한 양봉 세계를 알 수 있는 자료들이 많이 전시되어 있다. 100여 년 전인 1918년 독일인 구걸근(한국명) 신부가 펴낸 최초 양봉 교재인『양봉 요지』의 원본 공개를 비롯하여 여러 자료와 볼거리 체험 거리 등을 갖춘 만큼 지난 양봉 역사와 미래 양봉까지 살피는 공간인 셈이다. 은퇴 후 제2의 인생을 꿀벌과 함께한다는 것은 그저 행복한 일이 아닐 수 없다.

벌침을 만나다

양봉인은 벌침이 선택이 아닌 필수! 지구촌의 최장수 직업군은 바로 양봉가이다. 기능적으로 뛰어난 봉산물, 꿀, 화분, 로열 젤리, 프로폴리스, 밀랍 등을 먹어서가 아니라, 꿀벌과 늘 함께하는 일상 중에 자연스럽게 꿀벌에 쏘일 수밖에 없기 때문이다.

벌 독이 인체에 미치는 작용은 크게 3가지, 자극(침)효과, 붓고 열 나는 뜸 효과, 약물(벌 독) 주사 효과이다. 벌 독은 페니실린 항생제의 1,200배 효과로 현대의학에서 불치병으로 알려진, 류마티스, 당뇨, 간질도 치료가 가능할 정도로 효과가 있으며, 벌침 맞는 대부분의 환자는 고질병에 걸려 이것저것 다해 보고 마지막으로 오는 곳이 벌침이다.

지난 2004년 6월 21일 「동아일보」에 당시 세계 최대의 패스트푸드 업체인 맥도널드는 '항생제 먹인 고기는 납품받지 않겠다.'라고 선언함으로 세계 축산업계에 파장을 일으켰다. 현재 미국 내에서 가축에게 투여되는 항생제는 70% 이상은 질병 치료와 관련 없이 성장 촉진과 질병 예방용으로 사용되고 있다고 하기도 한다. 이후로 우리나라에서 항생제를 사용하지 않고 키운, 벌침 맞은 돼지고기가 탄생하기 시작했다.

이외에도 가축에 많이 사용되는데 젖소의 유방염 치료, 산차 횟수가 빨라지고, 출하 기간이 단축되고, 모돈 출산 시 새끼돼지 사망률을 줄이는 등 아주 다양하게 가축에도 곤충인 꿀벌의 침을 이용하여 병세에 따라 직접 시침하거나 침을 발취하여 시침한다. 인간이 앓고 있는 여러 가지 질병을 치유시키는 순수한 자연요법(민간요법)이 벌침이다.

우리 조상들은 오래전부터 벌침을 활용해 왔으며 독일에서는 100년의 역사, 일본에서는 70년의 역사를 가지고 있다. 그리고 우리나라에서는 1970년에 한국 벌침 요법 연구회가 발족되어 과학적이고 이론적인 체계하에 전국에 2천여 명이 넘는 봉침사가 이웃에 봉사하고 있다. 벌침의 원리는 자연치유력 촉매, 혈액 정화로 영양소와 산소공급 촉진, 체내의 노폐물 해독 배출 등이 있다.

벌침의 3대 효과로는 자극(침)효과, 뜸 효과, 약물(벌 독) 주사 효과이며, 벌침의 성분으로는 메라틴과 포스포리퍼제 외에 수십 가지의 성분이 함유되어 있어, 살균작용(소염), 정신신경 안정작용, 각종 연골세포 재생작용, 이뇨작용, 정혈 및 혈액순환 작용, 마비된 각종 신경 회복작용, 혈압조정(고, 저혈압)작용, 각종 세포 재생작용, 진통작용, 근육수축작용, 이상 세포 방지 및 소멸작용 등을 했다.

꿀벌 치는 양봉인이 장수하는 이유

최대 장수할 수 있는 직업군은 어떤 직업일까? 바로 꿀벌 치는 양봉인이다. 양봉인은 꿀벌을 치면서 때로는 하루에 수십 번 벌에 쏘이기도 하고 어쩌다 손톱 밑이라도 쏘이면 2분 정도 아린 통증이 그 순간만큼은 꿀벌 치는 일을 그만두고 싶을 정도이다.

지금은 완벽하고 안전한 보호복이 있지만, 그 당시는 조금은 허술한 망으로 얼굴만 가리고 내검도 하고 꿀벌을 관찰하기도 했다. 또 여왕벌을 찾고 수벌을 제거하는 과정에서 손으로 꿀벌을 만지기도 하다 보면 수없이 쏘이기도 하고, 특히 채밀할 때는 신속하게 꿀을 채취해야 하므로 급하게 하다 보면 수없이 쏘일 수밖에 없었다. 또 화분을 채분할 때면 정말로 많이 쏘인다. 물론 숙달된 전문가는 상의를 완전 탈의하고 내검도 하고, 행사장에선 꿀벌 수염을 달기도 하지만 직장을 다니며 부업으로 하는 양봉인은 얼굴에 쏘이면 부어오른 얼굴의 모습에 이만저만 낭패가 아니다.

그런데 벌침에 쏘이는 것이 곧 장수의 비결이다. 양봉 산물인 꿀, 화분, 프로폴리스, 로열 젤리 등 건강 기능식품이기도 한데 이렇게 좋은 식품을 먹어서 뿐만이 아니라 꿀벌에 쏘여서 장수하는 것이다. 꿀벌의 독이 얼마나 좋아서 장수의 비결이란 말인가? 가끔 지인들과 만나면 꿀벌을 치는 나는 무병장수는 보장되었다고 농담 삼아 이야기하곤 한다.

군 시절 벌침을 이용하여 전우들에게 도움을 주기도 했다. 한번은 축구도 잘하고 포천이 고향인 전우가 이가 아파 외진을 갔다가 왔지만 통증을 호소하며 오만상을 찌푸린다. 그래도 벌침을 맞지 않겠다고 하길래 반강제로 벌침을 잇몸에 한방을 놓았는데, 5분 지나니 얼굴에 미소를 짓는다. 벌에 쏘이면 상당히 아픈데 속살인 잇몸에 벌침은 얼마나 아플까 싶어 완강히 맞기를 거부했는데, 아픈 통증이 사라졌다며 너무나 좋아하는 것이다.

그것이 부대 내 소문이 나고 돌팔이 벌침사가 되어 많은 전우들에 벌침으로 인접 부대 출장 치료까지 가기도 했다. 특히 직업의 특성상 손발을 다치거나 삐는 일이 많았는데, 부대장이 가끔 벌침을 맞기 위해 나를 찾는데 갈 때마다 여단장은 부관을 불러 주치의 왔다며 차 한잔 가져와 하며 반갑게 맞아 주시곤 했다. 욕심 많은 나는 꿀벌을 알면서 벌침까지 알게 되었고, 팔자에도 없는 벌침사가 되려고 마음을 먹게 되었다.

좀 더 깊이 있게 알고 제대로 벌침을 배우기 위해 1995년 한국벌침연구회 회장님에게 벌침 수강 신청을 하고, 학원이 있는 동대문 신설동까지 출퇴근하며 열심히 배워 수강을 마치고 수료증까지 받을 수 있었다. 양봉원에서 벌침 수수료(벌값) 5,000원을 받고 벌침을 놓는데 소문을 듣고 많은 사람들이 찾아와 벌침을 맞으려고 아침부터 줄을 서곤 했다. 한 6개월 벌침을 놓으며 나름 보람도 있었지만 많은 환자을 상대하다 보니, 벌침 이외엔 아무것도 할 수 없었다. 이렇게 하려고 제2의 직업으로 꿀벌을 선택한 것이 아닌데 하는 생각이 들어, 벌침 놓는 것을 그만두고 찾아오는 손님에게 사정을 설명하고 다른 봉침사를 소개해 주고, 이후로는 봉침사들에게 봉침에 관련된 재료만 판매했다. 이렇게 벌침을 정리하니 꿀벌과 함께할 수 있는 시간이 많아지며 정말 내가 하고 싶은 일을 다시 찾은 것 같아 너무 좋았다.

지금은 벌침의 효과가 너무 좋기에, 의사나 한의사 할 것 없이 벌침 시술을 하지만, 가장 효과 좋은 것은 봉침액을 주사하는 것보다 직접 시침하는 것이 가장 효과 있다. 그래서 꿀벌과 늘 함께하고 꿀벌을 능수능란하게 다루는 모든 양봉인은 봉침에 관련된 기본 지식을 배워, 사랑하는 내 가족이나 지인에게 봉사하는 것은 선택이 아닌 필수 조건이 아닌가 생각된다.

파주 양봉조합을 설립하다

우수한 봉산물을 소비자들에게 홍보도 하고, 저평가된 꿀, 화분, 프로폴리스, 로열 젤리 등 제값을 받고 팔기도 하고, 무엇보다 판매가 어려운 양봉 농가들의 판로를 개척하기 위해서 조합설립의 필요성을 느꼈다. 그렇게 해야 농가들이 경제적으로 안정이 되고, 꿀벌 산업에 집중할 수 있지 않을까 하는 생각들이 파주 양봉조합을 설립하게 된 계기라고 할 수 있다.

파주시의 도움을 받아 지역 농협 하나로 마트, 인근 백화점 등 판매와 홍보를 하고, 각종 행사장에 찾아다니며, 특히 서울 양재동 소재 코엑스 축산물 브랜드전엔 2회 때부터 경기도를 대표해 매년 참석하여 파주 비무장지대 꿀을 홍보하며 회원 모두가 열정적으로 참여했던 기억이 생생하다.

　파주의 대표적인 축제로 파주 개성 인삼 축제와 파주 장단콩 축제는 1회 때부터 참여하여 개성 인삼 축제 19회, 장단콩 축제 25회를 맞이하며 전국에서 온, 특히 수도권의 관광객들에게 평화를 상징하는 임진각 행사에 파주 비무장지대 벌꿀을 시식 홍보하여 지금은 많은 단골고객까지 확보하고 있다.

　그러니 꿀벌과 함께한 봉우들이 함께해 준 것이 너무도 고맙고 감사하다. 30여 농가였던 파주시 양봉 농가가 지금 300여 농가로 인기 있는 축종으로 날로 확대되어 양봉 농가가 증가하고 있는 추세다. 이후로 지역마다 특산품 판매장이 생기고 로컬푸드 매장도 늘어나고, 따라서 지금은 양봉영농조합법인도 무려 4개 단체로 늘어 활발하게 활동하고 있다. 이에 걸맞게 양봉산업이 활성화되고 밀원식물이 산마다 심어지고 식물의 씨받이가 꿀벌로 하여금 활발하게 진행되어 자연 생태계가 살아나서 꿀벌 치는 농가들이 공익적 가치를 인정받고 대접받는 그날을 기대해 본다.

대양봉가의 꿈은 사라지고

　'꿀벌을 제대로 키워 보고 싶다!'라는 욕망이 솟구쳐 오른다. 그래 한번 키워 보자 다짐하고, 대양봉가의 꿈에 도전하기 위해 추운 겨울 혹한에도 아랑곳하지 않고 비닐하우스 안에서 다가올 봄까지 벌통을 제작하며 대양봉가의 꿈을 키워 갔다. 최소한 꿀벌을 사랑하는 양봉가답게 500군 정도는 키워야 대양봉가로 인정을 받지 않을까 하는 욕심에 겨울 추위에도 쉬지 않고 봉장 비닐하우스 작업장에 가고, 아침에 출근하면 저녁 늦게까지 벌통을 조립하였다. 종봉은 120여 군으로 500군의 종봉을 확보하는 일을 만만하게 본 것은, 6통으로 42통까지 늘려본 경험을 한 나로서는 그리 어려운 일이 아니었기에 계획대로 진행되리라 믿어 의심치 않았다. 또 날씨에 상관없이 비가 오나 눈이 오나 꿀벌을 돌보고 내검이 가능하도록 하기 위해 500군 봉사를 짓기로 생각했으나, 경제적 부담이 너무 커 봉사 대신 이동식 봉사를 계획하고, 500군의 벌터인 1-2봉장까지 마련하며 대 양봉가의 꿈을 실현하기 위해 계획했던 일들을 하나하나 진행해 나갔다.

그즈음이었다. 뜻하지 않은 장벽이 앞을 가로막는다. 수면 중 머리에 심한 통증을 느끼며 아내와 함께 응급차에 실려 금촌 도립병원에 도착했다. 응급실 당직 의사가 큰 병원으로 가라고 해서, 서대문 뇌전문병원인 세란병원에 입원, 뇌동맥 출혈로 진단을 받고 아내와 고민 끝에 수술을 결정하니 만감이 교차한다. 수술은 성공적으로 잘할 수 있을까…. 대학 입학을 앞둔 아들과 고등학생 딸이 생각난다. 그럼 나의 대양봉가의 꿈도 이렇게 사라지는가…. 아직도 꿀벌을 더 알고 함께 할 일들이 태산같이 많은데, 아내와 함께했던 가업을 아내 혼자서 잘 이끌어 갈 수 있을까 걱정이 앞선다. 무지하고 무리한 인간의 탐욕이 스트레스와 과로로 이어지며 하나님께서 욕심을 비우라고 나에게 내려진 형벌이 아니었나 생각된다.

수술을 끝내고 2달간의 재활과 입원을 마치고 퇴원하니 따스한 봄볕을 받은 꽃들이 하나둘 피기 시작한다. 큰 수술을 받아서인지 몸은 약해져 무거운 것은 들 수도 없었다. 이동 양봉가로 꿀벌 사양기술이 베테랑 봉우인 H 씨에게 나의 전부인 꿀벌을 부탁하고 지켜만 보는 신세가 되고 나니, 제대 후 꿀벌 산업에 빠져 밤낮없이 시간을 보낸 지나간 일들이 주마등처럼 스쳐 지나간다.

꿀벌과 함께하는 귀농 귀촌 아카시아꽃이 피었습니다

양봉협회 초대회장을 만나다

양봉협회 사무실에 여러 번 전화하고 수소문하여 한국양봉협회 산 증인이신 사단법인 한국양봉협회 초대회장님을 한국도 아닌 머나먼 타국 미국까지 가서 만나보게 되었다. 전화번호도 없고 주소만 가지고 조금은 무모하지만 지인의 도움으로, 산을 넘고 또 산을 넘어 무려 4시 간을 달려 에덴농원의 입간판을 만나게 되었다.

초대회장인 이분은 우리나라의 1세대 양봉인들과 함께 무에서 유를 창조하기까지 그 고충과 어려움을 감히 햇병아리 후배가 상상이나 짐 작도 할 수 없었다. 가장 기억에 남는 것은 당시 회장으로서 양봉 농가 에 꿈과 희망을 주기 위해 양봉 이민 사업을 추진하였는데, 그때 많은 선배 양봉가님들은 아르헨티나로 미국으로 양봉 이민을 선택하였고 지금은 자리를 잡고 이국 멀리 타국이지만 한국인의 기상을 살려 뿌리 를 내리고 2세와 함께 고향을 그리며 잘 사시리라 생각된다.

그 당시 회장님도 원하시는 회원님들을 모두 이민을 보내시고 마지 막으로 본인도 아르헨티나로 이민을 떠났지만, 다시 미국으로 와 지금 의 농장에서 정착하게 되었다고 한다. 1970년대 초 어려웠던 우리나라 경제 사정으로 볼 때 양봉 이민정책 사업은 정말 획기적이고, 양봉산업기술이 지금처럼 발전한 것도 아니고 양봉인에게는 일생일대의 전환의 기회가 아니었나 생각되고, 이민 사업을 협회가 주도하여 추진했다는 것이 나로서는 믿기지 않을 정도로 훌륭한 산업의 선택이 아니었나 감히 생각하게 된다.

입간판을 만나고 한참을 들어가니 정병호 회장님께서 손님을 맞이하기 위해 농장 건물 입구에서 서 계셨다. 반갑게 인사를 나누고 사무실로 이동하여 커피잔을 마주하고 한참을 선배 양봉인들의 이민사 이야기, 아르헨티나에 갔다가 다시 미국으로 온 이야기 지금의 농장 이야기 등을 해 주셨다. 상상도 가지 않는 큰 농장에는 대추나무, 두릅나무, 취나물, 달래 등 한국적인 이미지와 교민들이 많이 찾는 농작물로 어마어마하게 경작을 하시고, 수확해서 말리는 대추는 당시 그렇게 큰 대추는 처음 보았는데 맛도 참 좋았다.

꿀벌 이야기, 한국양봉협회 이야기, 특히 협회 규격, 꿀병은 협회 자산인데 잘 관리가 되는지도 물어보시고, 얘기를 주고받으며 시간 가는 줄도 몰랐다. 체험장에 식당이 있지만 오늘은 체험이 없는 날이라 운영을 하지 않는다고 하시고 예고 없이 찾아와서 준비가 안 되었다며 간단하게 미국식 잔치국수로 대접을 받았는데 그마저도 감사할 뿐이었다. 주변에는 허허벌판 식당이 없어 미국에서 잔치국수를 맛있게 잘 먹고, 차도 한잔 마시면서 못다 한 이야기 나누고 농장을 구경하였다.

꿀벌은 모두 아몬드 농장에 입식하고 빈 벌통만 보인다. 지금은 아몬드 화분 매개 철이라 꿀벌은 아몬드 농장 규격에 맞게 꿀벌을 입식하지 않으면 아몬드를 판매도 수출도 할 수 없다고 한다. 달래밭을 거닐며 이런저런 이야기를 나누고, 더 머물고 싶었지만 아쉬움을 뒤로하고 기념 촬영을 끝으로 양봉협회 초대회장님과 헤어졌다.

자유의 마을 대성동에서

아직 먼 산 응달에 잔설이 희끗희끗 따스한 봄볕을 받으며 시원하게 트인 통일로를 지날 때 스치는 바람은 봄을 재촉하는 듯하다. 봄기운을 삼키며 통일대교를 건너, JSA 앞에 마중 나온 카투사의 경호를 받아, 지난 20여 년 전 판문점 관광을 갔던 그 길로 4km 정도 달리니 대성동 마을이다.

친구인 대성동 주민의 도움으로 민가에 도착해 저만큼 논과 냇가 너머 펄럭이는 인공기 아래 자유의 마을 기정동을 바라보며 오찬을 했다. 자유의 마을 너머 개성과 벌거숭이 민둥산을 뒤로하고 판문점 앞을 지나 남과 북이 함께 공유하는 저수지를 돌아갈 때 한가로이 놀고 있는 천연기념물 재두루미 세 마리와 조금은 떨어져 기러기 무리 떼가 빈 논밭을 가득 메우고, 행여 평화로이 놀고 있는 철새들에게 방해가 될까 봐 숨죽여 훔쳐보았다.

다시 대성동 마을 쪽으로 향할 즘 뒤돌아보니 도라산이 아스라이, 그 옆에 북한 측 초소가 나란히 한 모습과, 남측 대성동 마을의 태극기와 자유의 마을 기정동 마을 입구에 인공기가 바람에 유난히도 펄럭이는 모습이 형언할 수 없는 무언가에 취하고. 5월이 오면 아카시 향기 따라 영충인 꿀벌은 남도 북도 없이 자유로이 넘나들며 어리석은 우리 인간들에게 무어라 말할까…. 아마 용서해 주리라. 머지않아 남과 북이 따로 없는 하나로 통일될 그날을 위해 꿀벌도 응원해 주리라.

세 곳의 봉장을 확인하고 카투사의 에스코트를 받으며 돌아오는 길에 아스팔트 위를 가로질러 노루 두 마리가 앞서거니 뒤서거니 양지쪽 갈대숲으로 사라진다. 따스한 봄기운이 너무나 좋은가 보다.

비무장지대에서 꿀벌과 함께한 시간

2년간 그야말로 비무장지대에서 꿀벌과 함께 아카시꽃 꿀을 생산하기 위해 출입하면서 불편한 것이 한두 가지가 아니었다. 출입할 때마다 카투사의 에스코트를 받아야 하니 매번 미안하기도 하고 무엇보다 힘든 것은 모든 일을 나 혼자 감당해야 하니 너무 힘이 들었다. 처음엔 친구가 도와준다고 말은 했지만 대농을 하는 사장님이라 오히려 내 도움을 받을 처지라 채밀할 때 도움 요청은 엄두도 낼 수 없어 비무장지대 대성동 꿀벌 터의 모든 일들은 고스란히 나 혼자만의 몫이 된 것이다.

하지만 계획했던 일이 있었기에 2년은 버틸 수 있었다. 그 계획은 바로 현장 체험행사였다. 경기사이버 장터 회원님들을 비무장지대로 초청, 판문점 옆 남과 북이 함께 공유하는 저수지 하류 임시 봉장에서, 아카시 꿀을 채밀하고 로열 젤리를 채유하며 정말 두 번 다시 없는 특별한 장소에서 경기사이버 장터 회원들과 아주 귀한 뜻깊은 시간을 가졌다.

마을 이장인 친구의 도움으로 마을회관 옥상에 올라가 100m 전방 냇가 저편 북한 땅을 바라보며 북쪽 자유의 마을인 기정동과 뒤쪽으로 이어진 민둥산 그리고 송악산, 손에 잡힐 듯 가까운 북녘땅 분단된 조국의 아픔을 함께 느끼며, 마을 부녀회의 도움으로 비무장지대에서 생산된 식재료를 이용 그야말로 시골 반찬으로 푸짐한 오찬과, 이어서 봉산물 홍보와 시식 선물 증정 기념 촬영까지 짧은 일정의 아쉬움을 뒤로 하고, 경기도와 파주시 담당 공무원의 협조와 도움으로 준비 과정에서 어려움은 있었지만 비무장지대 초청 양봉 체험행사를 마무리할 수 있었다. 당시 마을 이장이며 친구인 김경민, 얼마 전 숙환으로 하늘나라로 간 친구에게 이 글을 통해 감사한 마음을 다시 한번 진심으로 전하고 싶다.

아카시꽃이 피면

동양종 꿀벌과 서양종 꿀벌은 전 세계적으로 2만 종이 서식한다. 그중 인간의 혀에 황홀함을 선사하는 꿀벌은 10종이다. 꽃이 피면 꿀벌은 최대 4km까지 날아가 꿀을 딴다. '조그만 날개 고단하여 너무 지쳤지마는 머나먼 나라까지 꽃을 찾아서~'라는 동요 「꿀벌의 여행」 가사 그대로다. 인간은 그 고단함에 기대어 풍성한 식탁을 누려 왔다. 식량 과일 사료용 작물의 30%가 벌의 가루받이에 의존한다. 꿀벌이 인간에게 제공하는 경제 가치가 50조 원 넘을 것으로 추산된다고 한다. 동양종 꿀벌의 원산지인 인도에서 중국을 거쳐 우리나라에 도입된 지는

2000년이 넘는다고 한다. 중국은 중봉, 일본은 일봉, 한국은 한봉, 북한은 본봉이라고 각기 자기 나라의 벌임을 주장하는 용어를 사용하고 있다. 개량종 벌이 우리나라에 들어온 것은 1909년, 동양종 벌은 단일종이나 서양종 벌은 그 종류가 많다. 가장 우수한 이탈리안 종을 비롯하여 카니올란 종, 코카시안 종, 독일 종 등 여러 종이 있다. 예전에는 꿀이 워낙 귀해 일반 서민층에서는 먹을 수 없었고 왕족이나 양반층 또는 고승들만이 먹을 수 있었던 것이다.

토봉은 분봉성이 강하여 환경이 조금만 불리해도 도망을 잘한다. 일반인들에게 인식되기를 일년에 한 번 뜨는 재래종은 진짜 꿀이고 일 년에 여러 번 뜨는 양봉 꿀은 설탕 먹인 가짜 꿀이라는 편견을 가지고 있다. 서양종은 꽃이 피면 그때그때 채밀을 하므로 약효가 적고 동양종은 봄부터 가을까지 모든 꿀을 합하여 채밀하므로 약효가 좋다는 것이다. 월동한 토종벌의 무리는 3,000마리도 채 안 된다. 아카시꽃이 피면 분봉이 계속되고 먹이가 부족하여 여름철 혹서와 장마철에는 굶어 죽기도 한다. 장마가 끝나는 7월 중순 이후부터 9월 말까지 월동 먹이로 저축한 것인데 아주 소량이다.

양봉이든 토봉이든 수분 함량이 알맞게 조절되면 세균 침입을 막기 위해 입구를 막는다. 이렇게 봉개된 꿀은 그야말로 천연 벌꿀이 되는 것이다. 아카시 유밀기에 강군은 2일이면 농축 저장하여 입구를 막는다. 그래서 강군은 3-4일 만에 채밀해도 훌륭한 천연 벌꿀이 된다.

꿀벌은 월동기를 앞두고 10월 초부터 여왕벌은 산란을 중지하고 이 때쯤이면 어린 일벌도 유충도 없어 로열 젤리의 필요성도 없을 때이다. 토종 벌집 소방에는 꿀만 채워져 있고 벌집 가장자리에 약간의 화분만 있을 뿐 로열 젤리는 아무 곳에도 없다. 하지만 양봉은 유밀기에 화밀이 많이 반입되면 여왕벌은 하루 2,000-3,000개의 알을 산란한다. 알은 3일 만에 부화되고, 어린 일벌들은 꿀과 화분을 먹고 로열 젤리를 인두선에서 분비하여 부화된 유충에 먹인다. 양봉가는 소비에 꿀이 가득 차면 원심 분리기로 꿀을 채취한다. 꿀이 빠져나오고 유충과 같이 로열 젤리도 빠져나와 유충은 밀여기에 걸리고 유충 몸에 묻었던 로열 젤리는 꿀에 섞인다. 로열 젤리를 생산하면 여왕벌을 격리시켜서 일벌들로 하여금 무왕감을 느끼도록 환경을 조성시켜 주어야 하는데 재래종 벌통에서는 이것이 불가능하다.

꿀은 약 20%가 수분이고 나머지 80%는 당분인데 포도당과 과당으로 구분된다. 그중에 혈당조절 작용을 담당하는 것은 과당이다. 즉 당뇨 환자가 벌꿀을 섭취할 때는 포도당보다는 과당 성분의 꿀을 음용해야 한다. 1년생 초본류 식물에서 분비하는 화밀은 포도당이 주성분이고 교목에서 분비하는 화밀은 과당이 주성분이다.

또 포도당은 15℃ 이하로 내려가면 하얗게 결정이 되지만 순수한 아카시꿀은 과당이 주성분이라 다른 밀원의 꽃꿀이 혼입되지 않는 한 결정이 되지 않는다. 7월 하순부터 9월까지 싸리꽃, 북나무꽃, 메밀꽃, 들깨꽃, 연백초 등 결정이 쉽게 되는 황갈색의 꿀은 당뇨 환자가 음용해서는 안 되는 꿀이다. 과당이 주성분인 아카시꽃은 꽃대가 길어 혀가 짧은 동양종 벌은 수밀 작업이 어렵고 수밀하였다 하여도 여름 혹서기와 장마철에 먹이로 이용하고 11월 한 번 채밀하는 것은 포도당 성분인 것이다.

다만 개량종이나 재래종에 설탕을 주고 안 주고 하는 차이인데, 이른 봄 무밀기에 개량종에 당액을 급이 하는 것은 아카시 대 유밀기에 강군으로 대비하고자 하는 대비책이다. 아카시꽃이 피기 시작 유밀이 시작되면 먹다 남은 꿀은 모두 채취하고 순수한 아카시 꿀만을 채취하는 양봉 농가는 얼마든지 있다. 그러한 이유로 소비자들도 아카시 꿀을 살때 두 번째 채밀하는 꿀을 찾는다.

2회, 3회, 4회, 5회에 걸쳐 채밀한 아카시꿀에는 설탕이 전혀 들어가지 않는다.

세계 최고 벌꿀이 우리나라 아카시 생 꿀이고 토종 꿀의 1/5도 안 되는 가격이면서 당뇨 환자가 안심하고 먹을 수 있는 꿀이다. 나는 호기심이 많은 관계로 뒷박 통에다 아카시 전 신왕 3-4매 벌로 양봉을 입식 그해 가을 16단까지 올려 서리가 내리고 11월 하순에 뒷박 꿀을 채밀, 뒷박 하나당 10만 원에 판매하고 그 방법을 원하는 봉우님들과 공유하기도 했다. 이 또한 최고의 완숙된 천연 벌꿀인 것이다. 겨울철 비닐하우스 안 계획 수분에 이용되는 수정 벌도 열매의 결실이나 당도 면에서 개량종 벌이 월등히 앞선다.

제2부

꿀벌이 우리에게 주는
좋은 것들

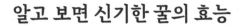

알고 보면 신기한 꿀의 효능

　벌꿀에는 칼슘이라는 성분이 있으며 인체의 뼈에는 칼슘이 절대적으로 필요한 것처럼 근육에는 칼륨이 없어서는 안 된다. 칼륨이 부족하면 발육 불량이 되고 만성피로, 고혈압, 심장 장애를 가져온다. 때문에 벌꿀에는 풍부한 칼륨이 있으므로 이것을 상용하면 장수는 보장되는 것이다. 그뿐만 아니라 벌꿀의 정체는 아직 완전히 파악된 것이 아니며 풍부한 칼륨 외에 판도텐산과 고린 등은 장수 비타민으로서도 충분한 식품이라고 할 수 있다.

　중국에는 "불로장생"의 약으로 "행복의 천사"로 불리게 되고 히포크라테스는 약품이나 수술은 최후의 수단으로만 활용하고 식품인 꿀을 먹고 109살까지 살았다. 『신농본초경지주』에서는 꿀을 몇 가지로 구분하여 설명하고 있다. 높은 산 바위굴에서 나는 꿀을 석밀이라 했고, 나무 통에서 나는 꿀은 목밀이라 했으며 땅속에 지은 벌집에서 나는 꿀은 토밀, 사람이 기르는 벌집에서 채취한 꿀은 백밀이라 하여 각기 다르게 표현하였다.

꿀의 효능

현대의학에서는 신체를 알칼리성으로 유지하는 것이 건강법이라고 한다. 인간의 체액은 대체로 중성에 가까우며 이것이 산성이 되면 신체에 변화를 일으켜서 나른해진다든가 병에 대한 저항력이 없어지기도 한다. 일반적으로 단것이라고 하면 산성을 생각하는데 벌꿀은 체내에 들어가면 알칼리성으로 변하는 성질을 가지고 있다. 이 때문에 꿀은 실제로 알칼리 식품으로 생각해도 무방하다.

그 비슷한 예로 밀감을 들 수 있는데 밀감은 신맛 때문에 누구나 산성이라 생각하기 쉬우나 실은 알칼리성이 대단히 높은 식품이다. 그러면 산성이냐 알칼리성이냐 하는 것은 무엇으로 결정되는 것일까? 그것을 결정하는 것은 그 식품에 포함된 미네랄의 종류와 양이다. 구체적으로 말한다면 칼슘, 마그네슘, 칼륨, 나트륨등 미네랄이 많은 식품은 알칼리성이고 인과 황산이 많으면 산성 식품이다.

벌꿀은 같은 중량으로 비교할 때 계란의 2.5배, 우유의 6배의 칼로리를 가지고 있으며 한 공기의 백반은 100칼로리인데 그 정도의 칼로리라면 꿀은 큰 수저 1.5개분이면 충분하다. 가령 어른 한 사람의 1일 필요한 칼로리양을 3,000kcal라고 한다면 꿀 85g이면 확보할 수 있다.

그러나 꿀만으로는 1일에 필요한 칼로리를 유지한다는 것은 편식이 될 우려가 있고 단백질과 지방을 취하지 않으면 안 되므로 꿀과 같은 탄수화물 필요 섭취량은 훨씬 적어진다. 이와 비슷한 실험은 미국에서 있었는데 미네소타대학의 "하이닥" 교수는 꿀과 우유만으로 3개월을 생활한 결과 아무런 건강상의 이상은 없고 3개월 마지막에 약간의 비타민 C 결핍증이 나타났으며 이 증상도 오렌지 주스를 꿀에 섞어 먹었더니 곧 사라졌다고 한다.

벌꿀은 천연 피로회복제

꿀은 20%가 수분이고 나머지 80%가 당분인데 그 당분의 절반이 포도당으로 나머지 반이 과당이다. 포도당과 과당은 보통 단당류라고 한다. 서당 즉 설탕류의 다당류에 비하여 구조가 단순하기 때문에 포도당과 과당도 그 이상 분해시킬 필요가 없고 마시면 단시간에 장 벽에서 흡수되며 혈관 내에 들어가고 만다. 탄수화물이라도 백미나 소맥은 일단 체내에서 분해되어 호정(데기스도린, 맥아당, 포도당)이라는 3단계를 걸쳐서 흡수되지만 설탕은 체내에서 일단 포도당과 과당으로 전화하여 비로소 흡수되므로 위장에 부담이 되지만 꿀은 주성분인 포도당과 과당이 처음부터 분리되어 있어서 장내에서 그대로 흡수되므로 결코 위장의 부담이 되지 않는다.

체력이 약해진 병자에게 꿀은 효과가 있다는 것은 이러한 이유 때문이다. 그러면 꿀 속의 포도당은 어떠한 작용을 하는 것일까? 이에 대해 알아보면 흡수된 포도당은 혈관을 통하여 간장에 운반되어 대부분 "글리코겐"으로 되어 저장된다. 일부는 간장을 거치지 않고 혈액에 들어가서 근육 중에서 글리코겐이 되어 이용된다.

그런데 혈액 중에 포함된 포도당을 혈당이라고 하는데 그 농도는 대체로 일정하여 혈액 100mg 중에 8-10mg이라고 한다. 이 혈당 농도가 저하되면 인간은 죽어 버리고 만다. 특히 과격한 운동에 의하여 소비되었기 때문이며 따라서 심한 운동 전후에는 반드시 꿀을 충분히 먹어서 글리코겐을 체내에 저장시키는 것이 바람직한 일이라고 할 수 있다. (당뇨 환자가 벌꿀을 섭취할 때는 포도당보다는 과당 성분의 꿀을 음용해야 한다.)

미네랄의 보고

영양학이 진보함에 따라 건강을 유지하는 데 3대 영양소와 비타민만으로는 불충분하고 여러 가지 미네랄 광물성 영양소가 필요하다는 것을 알게 되었다. 특히 최근에는 미국에서 미네랄을 대단히 중시하는 경향이 있어서 쟈-비스의 "바몬드 민간요법"에서는 비타민 이상으로 칼륨(포타슘)을 중요시하고 있다.

사실 많은 비타민을 항상 섭취해도 미네랄이 부족하면 충분한 효과를 발휘할 수 없고 섭취한 비타민은 곧 체외로 배설되고 만다. 현재 미네랄이 영양학상으로 탄수화물, 지방, 단백질, 비타민과 어깨를 나란히 하여 5대 영양소의 하나로 꼽히는 것도 그것 때문이다. 최근 종합 비타민제를 미네랄로 강화한 고단위 종합 비타민제라는 명칭으로 판매하고 있는데 이것은 이러한 비타민과 미네랄의 협력 효과를 노린 것이라고 본다. 이러한 점으로 보았을 때 벌꿀은 놀라울 정도로 합리적으로 되어 있다.

또 조혈작용도 있는데 혈액 중에 헤모글로빈 혈색소를 들 수 있으며 이 헤모글로빈은 효소를 신체의 말단까지 운반하는 역할을 하고 있다. 그리고 이 헤모글로빈은 철이 없으면 형성되지 않는다. 그리고 최근에는 철만으로는 불충분하다 하고 엽산(비타민M)과 소량의 동도 필요하다는 것을 알게 되었다. 그러한 뜻으로 벌꿀 중에는 철과 동, 엽산도 함유되어 있다는 것이 대단히 중요한 사실이다.

꿀은 비상식량?

비상식량을 비축할 때 고려해야 할 점은 첫째, 영양이 풍부한 식품이어야 하고. 둘째, 유아에서 노인에 이르기까지 부담 없이 섭취할 수 있어야 하며. 셋째, 장기간 보관하여도 부패하지 않는 안전한 식품이라야 하며. 넷째, 가열 등 조리 작업이 필요 없이 간단히 섭취할 수 있어야 한다. 벌꿀은 이상 네 가지 조건을 모두 완벽하게 갖추고 있는 식품이다. 벌꿀의 주성분은 더 이상 소화 과정이 필요 없이 흡수만 하면 되는 포도당과 과당이므로 허약한 병자나 노인에게 적당한 에너지원이다. 또 심신의 피로를 빠른 시간 내에 회복하려 할 때 벌꿀은 좋은 효과를 발휘하는 말할 나위 없는 이상적인 식품이다. 4가지 조건을 모두 완벽하게 갖추고 있는 식품이다.

벌꿀은 소화 능력이 약해진 환자나 노인에게도 높은 칼로리를 공급하며, 위를 보호하는 역할까지 한다. 이미 캐나다는 비상식량으로 43g

튜브 꿀을 사용하고 있으며, 1953년 세계 최초로 에베레스트산 정상을 정복한 뉴질랜드의 "어드먼드 힐라리경"이 등반 때 최후의 베이스캠프까지 휴대한 비상식량은 바로 꿀이었다. 벌꿀은 내한성을 길러 주는 식품이고 피로회복에 그 무엇과도 견줄 수 없는 완전식품이었기 때문이었을 것이다. 추위를 많이 타기 때문에 겨울만 되면 기를 펴지 못하는 사람들은 지금부터라도 당장 꿀을 먹어 보면 알 수 있을 것이다. 또 심신의 피로를 빠른 시간 내에 회복하려 할 때 벌꿀은 좋은 효과를 발휘하는 이상적인 식품이다, 벌꿀은 우리 식생활에 큰 몫을 차지할 수 있으며 탄수화물을 비롯하여 단백질, 무기질, 비타민 등을 고루 갖추고 있기에 좋은 영양 공급원이라고 할 수 있다.

설탕과 설탕 꿀의 차이

유명한 마트에서 한 소비자가 사양 꿀을 사려고 한다. "혹시 사양 꿀이 무엇인지 아시나요?" 하고 물으니, 사양나무에서 따온 꿀 아니냐고 반문한다. 사양 나무 꿀이 아니고, 꿀벌을 키우면서 식량으로 설탕 물을 주는데 그것을 채밀한 것이 사양 꿀이라고 말하니 깜짝 놀란다. 그렇다. 소비자들은 사양나무에서 생산된 꿀인 줄 안다.

소비자의 혼동을 야기시키는 "사양 꿀", 하루빨리 설탕 꿀로 표기하는 것이 바른 것이고 또 소비자들의 혼동과 오해의 소지도 해결할 수 있을 것이다. 우리 다수의 양봉인이 바라는 바이기도 하다.

다당류인 설탕을 꿀벌은 소화 효소와 침과 타액을 혼합시켜 되새김 질하는 과정에 다당류에서 단당류로 분리해 육각형 벌집에 저장하여, 인간이 빼앗아 간 자연 꿀을 대신하여 무밀기나 장마철 또는 겨울철 먹이로 저장해서 식량으로 대신한다. 숙성되지 않은 설탕을 먹이로 사용하면 꿀벌은 설사를 하고 수명을 단축하기 때문에 충분하게 전환시킬 수 있는 기간, 즉 추위가 오기 전 9월 하순까지 설탕을 주어 숙성 전환한 다음 먹이로 사용한다. 그래서 사양 꿀은 꿀벌에게 설탕을 먹여 생산된 설탕 꿀이긴 하지만 다당류에서 단당류로 전환된 아주 훌륭한 식품이고 꿀이다. 물론 자연 꿀과는 비교할 수 없다. 맛, 향, 색, 효능까지 차이가 있다. 그러면 설탕은 어떤가?

다당류인 설탕을 먹으면 위에서 단당류로 전환하기 위해 많은 시간 위에 부담을 주며, 단당류로 전환하는 과정에서 필수적으로 상당한 양의 칼슘이 필요한데 부족한 칼슘을 뇌에서 명령하길 뼈에서 칼슘을 빼와 설탕을 단당류로 전환하는 데 사용하도록 한다. 그로 인해 심각한 건강에 이상이 나타나며, 심지어 어린아이까지 현대인의 만병의 근원인 당뇨가 오게 된다. 오죽했으면 호주 같은 나라는 자국민이 먹는 모든 음식에 설탕을 넣지 못하게 법으로 정하기도 했다. 설탕에는 비타민, 무기질, 섬유질이 없어 소화가 잘되지 않으며 영양소의 결핍을 초래한다. 다시 말하자면 설탕은 체내흡수를 위해 체내에 저장되어 있던 무기물 등을 소비해야 한다. 이것이 설탕이 무익하고 해가 되는 이유이다.

꿀은 과식하여도 비만이 되지 않는다

유채 꿀은 포도당이 많지만 그 외 대부분의 벌꿀은 과당이 많은 것이 보통이다. 이것은 아무것도 아닌 사실 같지만 실은 대단한 의미를 가지고 있다. 그 이유는 같은 단당류이면서 과당은 포도당과 다르게 흡수 속도가 대단히 늦어 포도당의 약 절반의 속도로 흡수되므로 너무 많은 당분을 간장에 보내지 않도록 조절하는 작용을 하고 있기 때문이다. 포도당이 혈액에 의해서 간장에 운반되면 글리코겐이 된다는 것은 전기한 바와 같고, 벌꿀은 최초 15분간은 포도당 이외의 모든 당 중에서 가장 빠르게 흡수되지만 그것 때문에 혈액 중의 당분이 과잉되는 일은 없다는 것이다.

즉, 벌꿀은 우리들의 몸의 처리 가능한 한도 이상은 혈당 농도를 높이지 않는다. 벌꿀 중에는 이러한 혈당조절 작용을 담당하고 있는 것이 과당이다. 과당의 흡수속도는 포도당의 절반 정도의 속도이므로 말하자면 과당은 혈류가 넘치게 되는 것을 자동적으로 조절한다고 보고 있다. 미국의 "벡크" 박사도 벌꿀을 먹어도 비만이 되지 않는 것은 피상적으로는 근대의학 상식에 상반되는 것 같이 보이지만 실은 이 사실은 깊은 생화학적 뜻을 가지고 있다고 강조하고 있다.

또한 과당은 설탕이나 포도당보다 훨씬 달아서 설탕의 감도를 100으로 할 때 과당의 감도는 175이고 포도당은 74 정도라고 한다. 때문에 이 숫자를 기초로 하여 벌꿀의 감도를 계산할 수도 있다. 예로부터 벌꿀은 감미의 대표라고도 하였고 사실 맛을 보면 설탕보다 달게 느껴진다.

항산화 성분을 함유한 감로 꿀

일반 꿀보다 2배 더, 꿀 중에서 가장 강력한 항산화 기능을 가지고 있다는 감로 꿀은 고산지대에 사는 식물들이 날씨가 너무 가물면 수분의 증발을 막기 위해 자기들의 몸에서 단물을 배출해 그것으로 잎을 코팅하게 되는데 자세히 관찰하면 나뭇잎에서 땀방울처럼 감로를 뿜어내고 있는 것을 목격할 수 있다. 그 수액을 물어들어 벌들이 숙성시킨 꿀이 바로 감로 꿀이다.

일반 꿀은 꽃에서 채집하는 데 비해 감로 꿀은 잎과 줄기에서 수액을 채집한 것이다. 간혹 감로 꿀을 일부 진딧물의 배설물에서 꿀벌이 수집한 것으로 잘못 알고 있다. 식물들이 단물을 품어내면 그 단물을 먹기 위해 진딧물들이 모여들었고 그곳에서 벌들이 수액을 물어들이니 진딧물의 배설물로 잘못 알게 된 것이다. 감로 꿀은 채밀해서 먹어 보면 꽃의 밀 샘에서 나온 꿀이 아님에 단맛은 약간 덜하고 꿀에서 군고구마의 맛이 나고 진한 갈색을 띠고 있다. 줄기에서 바로 뽑은 고로쇠 수액을 30배 농축하면 감로 꿀과 비슷하다는 연구 결과가 있다.

채밀 양이 일정치 않고 독특한 성분 때문에 일반 꿀에 비해 훨씬 고가에 판매가 되고 있다.

대부분의 역학연구들이 암, 심장혈관 질환과 당뇨를 비롯한 질병들의 위험을 줄이는데 과일과 야채의 항산화 성분 섭취 증가와 관련되어 연구되고 있고, 꿀의 항산화 특성은 잘 알려져 있다. 지난해 미국 퍼듀 대학의 연구 결과에 따르면 칼슘이 보강된 꿀은 칼슘 섭취의 양을 증가시켜 뼈 건강을 증진하는데 큰 역할을 할 수 있다고 보고하였다.

　Journal of the Science of Food and Agriculture에 게재된 새로운 연구는 벌의 먹이 패턴이 벌이 생산한 꿀의 항산화 활성에 상당한 영향을 미친다는 연구 결과를 얻었다. 이 연구 결과는 꿀이 가장 강력한 항산화 기능을 가지고 있다는 것에 대한 몇 가지 측면을 보여 준다. 감로 꿀이 화밀을 먹이로 한 벌이 생산한 꿀보다 더 높은 항산화 기능을 가지고 있다는 것을 알아냈다.

　전화당이란? 포도당과 과당의 합친 값이 전화당이다.
　전화당은 단맛을 나타내는데 해서 감로 꿀은 단맛이 떨어진다. 밤 꿀도 전화당이 60 이상이지만 대체적으로 전화당이 낮다(외국 꿀 색이 진한 것이 항산화 성분 많아 더 알아준다).

　단당류는 꿀벌이 3가지당(포도당, 과당, 자당)을 분해시킨 꿀이다.

　2당류는 설탕이다. 이 또한 꿀벌이 분해시킬 수 있어 설탕 꿀(사양 꿀)도 전화당은 60 이상 규격기준 합격 나오는데, 감로 꿀은 전화당

60 이하로 불합격이니 현실에 맞는 규격 기준의 재설정이 시급하다.

3당류는 메가당 외 기타 당류 꿀벌에 의해 분해되지 않고 그대로 남아 있다.

꿀은 수분 20%, 단당류 80%, 합쳐 100% 꿀인데, 감로 꿀은 수분 20%, 단당류 60%, 합쳐도 80%밖에, 남은 약 20%, 3당류이다. 하지만 체내 흡수되었을 때 이상 없이 소화된다. 그래서 유럽에서는 3당류가 함유된 꿀의 성분이 좋기 때문에 최고의 꿀로 인정, 고가로 유통된다.

외국에서는 감로 꿀을 별도의 규격으로 관리하고 세계보건기구 국제규격에도 감로 꿀을 인정한다. 2016년 양봉 관련 단체와 식약처가 감로 꿀 회의를 할 때 감로 꿀을 별도의 규격으로 제도화하여 양봉 농가의 소득에 미치는 영향 등 소비자로부터 인정받고 있는 점 등 감로 꿀의 우수성을 살려 감로 꿀을 하루빨리 제도화해 주기를 건의하고 한국양봉협회 및 한국양봉농협은 별도의 연구에 돌입했다고 한다.

세계에서 우수한 꿀로 인정받는 감로 꿀! 일반 꿀에 비해 항산화 성분이 2배나 많은, 단맛이 덜하여 당뇨 환자들이 선호하는 감로 꿀, 뉴질랜드 마누카 꿀보다 더 좋은 효능을 인정받아 하루빨리 규격에 맞게 제도화하여 양봉 농가의 생산성 향상과 소비자 욕구도 동시에 해결할 수 있는 날이 오기를 기대해 본다.

꿀벌과 함께하는 귀농 귀촌 아카시아꽃이 피었습니다

사양 벌꿀을 아시나요?

사양의 한자 뜻은 먹이를 주어 양식한다는 의미이다. 즉, 설탕을 벌에게 먹여 키운다는 뜻이다. 이도 단순히 키우는 것이 아니라 설탕물을 벌집에 모으게 하여 꿀로 만든 것, 이것이 바로 사양 벌꿀이다. '그럼 가짜 꿀이네' 하면 좀 억울해할 부분이 있지만 짝퉁이 아니라고 우기기는 어렵다. 어떤 사연인지 알아본다.

우선 벌꿀부터.

꽃 속에는 예외 없이 설탕(물)이 들어 있다. 곤충을 유혹하여 수분하기 위해서다. 이 설탕을 벌이 물어다 위 속에 있는 설탕 분해 효소(invertase)와 섞어 벌집에 뱉어 낸 형태가 바로 벌꿀이라는 것이다.

설탕은 그냥 흡수되지 않고 효소에 의해 그 구조가 잘려야 흡수된다. 이 효소는 모든 성분이 다 갖고 있다. 이를 인간이 빼앗는다. 뺏고 뺏기기를 반복한다. 그럼 꽃이 없는 겨울에는 어떠한가. 이때는 설탕물을 먹인다. 내년 봄까지 식량을 공급하는 것이다. 마음 약한 업자는 늦은 가을 전부 채밀하지 않고 조금 남겨 두는 선심을 베풀기도 한다. 하지만 실제로 그럴 이유는 없다. 꽃 속의 설탕과 마트의 설탕이 별반 다르지 않으니까. 엄격하게는 꽃 속의 설탕물을 그대로 벌집에 물어다 쟁여 두는 것은 아니다. 설탕은 포도당과 과당이 결합해 있는 올리고당(2당)이다. 이를 벌이 위 속의 효소와 섞어 토해 낸다. 서서히 단당류로 분해된다. 이러면 설탕보다 감미도가 높아지고 용해도가 증가한다. 찐득할 정도로 사람이 먹으면 소화과정 없이 바로 흡수된다.

실제 벌꿀과 설탕의 당 조성은 다르지 않다. 단 설탕물을 꿀로 만드는 역할을 벌에게 시키면 합법이다. 이게 바로 사양 벌꿀의 제조법이다.

대중은 석청, 목청 하면 중히 여기는 경향이 있다. 결론은 양봉 꿀이나 토종 꿀이나 별반 다르지 않다. 석청은 양지바른 바위틈에, 목청은 고목의 빈 곳에, 양봉은 사람이 만든 나무상자에 꿀을 모은 것이다. 억지스럽지만 양봉 상자도 나무 속이라 목청 아닌가? 성분에는 별 차이가 없다. 단 꿀의 색깔이나 향이 조금 다를 뿐이다. 오래되어 색깔이 검은 것은 마이야르 반응에 의한 갈변현상이다. 양봉에는 아카시 꿀, 유채 꿀 등이 있지만 목청, 토종 꿀 등은 이런 게 없다. 왜냐하면 여러 꽃에서 모은 잡꿀이기 때문이다. 이런 잡꿀이 특별히 더 좋은 것도 없다. 양봉에도 채밀 장소와 시기에 따라 잡꿀이 있다. 따라서 결론은 벌꿀이 약이 아니라는 것. 하나의 식품으로 조금 귀하고 맛 좋고 가격이 비쌀 뿐. 너무 중히 여기지 않아도 될 듯하다.

하니 하니 데이! Honey! Honey Day!

12월(12-한이-Honey) 12일(Honey)은
사랑하는 사람에게
벌꿀(honey)을 선물하는 날입니다.

사랑하는 연인에게
벌꿀처럼 달콤한 사랑을 고백하십시오.

수만 마리 꿀벌이 온갖 꽃에서 모아 와
온몸으로 숙성시킨 벌꿀에는
사랑과 정열과 대자연의 신비가 담겨 있습니다.

벌꿀에 담긴
따뜻하고 감미로운 사랑을
오는 12월 12일
Honey! Honey Day!에
연인에게
친구에게

서울대 꿀벌 박사 이명렬 박사

로열 젤리는 생명의 샘?

한때 '아들딸 구별 말고 둘만 낳아 잘 기르자'던 표어는 '잘 키운 딸 하나 열 아들 안 부럽다'로, 또 '하나씩만 낳아도 삼천리는 초만원'으로 발전하여 급기야 '우리끼리만 잘 살아 보자'는 웃지 못할 유행어가 돌기도 했다.

그로부터 수십 년이 지난 지금은 1인 가구가 늘고 결혼 연령이 늦어지고 결혼을 기피하는 현상으로, 세계에서 최저 출산율로 인구의 멸종을 걱정해야 하는 나라가 되었다. 하루빨리 인구 감소의 걱정을 하지 않아도 되는 그런 날이 오기를 간절히 기대한다.

로열 젤리를 장기간 음용하면 무정자증 환자도 결혼하여 자녀를 가질 수 있는 그야말로 로열 젤리는 신이 주신 선물이 아닐 수 없다. 로열 젤리는 노동집약적인 생산에 의존하는 것이므로 인건비가 비싼 미국을 비롯한 선진국에서는 엄두를 내지 못하고 수입에 의존하고 있기 때문에 매우 값이 비싼 상품으로 서민이 이용하기는 매우 부담스러운 가격으로 시중에 1kg에 1백만 원 이상으로 거래되는 고가의 건강식품이다.

로열 젤리는 태어난 지 12일 이전의 젊은 일벌들의 인두선에서 생산되는 물질로 색깔은 유백색으로 젖과 같으며 끈끈한 크림 즉 젤리 모양으로 되어 있다. 일벌과 여왕벌은 유정란의 똑같은 암컷으로 태어나지만 일벌은 길어야 6개월, 여왕벌은 5-6년 동안 살 수 있다. 더구나 여왕벌은 자신의 몸무게보다 더 무거운 2천 개 또는 그 이상의 알을 하루에 낳는다. 이 차이는 바로 로열 젤리에 있다. 로열 젤리는 생장발육 촉진과 콩팥조직의 재생, 신생 세포가 노쇠 세포로 대체하며 산소 소모량을 늘리고 신진대사를 촉진시키는 1차 식품 가운데 대표적인 장수식품이다.

특히 노인이 음용하면 돋보기안경이 필요 없게 되고 잘 안 들리던 귀가 잘 들리게 되며 백발이 검어지고, 정신장애, 갱년기 우울증, 정신분열증, 치매 치유에도 도움이 되기도 한다. 로열 젤리는 질병에 대한 저항력을 높이고 세포 재생작용, 조직 대사 과정이 빨라 여러 가지 악조건 산소 부족, 높은 온도, 심한 피곤, 한랭, 낮은 기압, 굶기, 사염화탄소 중독, 조직손상 또는 결손에서의 저항력과 생존율을 높이고 사망률을 감소시키기도 한다.

"세계 3차 대전에서 유일한 생존국은 전쟁에서 가장 먼 나라 스위스뿐이다."라고 말한다. 스위스 정부에서 각 가정에 배포한 민간 방위 책자에 방사능 장애에 로열 젤리 효과가 소개되고 있다. 미국과 소련은 이 사실을 알고 방사능 사고 때는 남몰래 다량의 로열 젤리를 사용하고 있다고 한다.

로열 젤리는 음용한 사람은 건강과 활기가 넘쳐 피로를 덜 느낄 뿐 아니라 기분이 좋아지고 행복감이 향상된다. 성 기능에 미치는 영향은

성 신경 자극, 난소, 고환, 정관의 무게가 늘며 정자 생성이 빨라지고 성주기가 멎으면 회복에 도움이 된다. 수명이 늘고 정신을 맑게 하고 기운을 솟아나게 한다. 피곤하거나 지칠 줄 모르고 언제나 최상의 컨디션을 유지할 수 있게 도와준다. 30-40대 주부가 로열 젤리로 얼굴에 마사지한 후 자고 나면 20대처럼 변할 정도로 피부가 윤택해진다.

피로 회복 및 활력 제공

세포조직이 파괴되어 생기는 얼굴의 기미, 검버섯, 잔주름도 로열 젤리 마사지를 1개월만 하면 세포조직이 재생되면서 없어진다. 여성 기능이 젊어지며 성격이 밝아지고 여성을 아름답게 한다. 또 암세포 성장을 억제하는 10-HDA(뇌세포 활성화 물질)가 있어 임산부가 음용하면 산모도 건강하고 태어날 2세의 두뇌 발달에 도움이 되고 건강한 아기 출산, 혈액순환 촉진시키는 비오플라보노이드 성분이 다량 들어 있어 혈류량 증가 작용은 꿀에 비해 1백 혹은 2백 배 정도 강력하여 신속한 피로 회복 효과 및 활력을 제공한다.

뿐만 아니라 눈이 침침한 현상, 눈의 사용이 많은 수험생의 시력 감퇴, 후천적 시력장애에 비상한 효과가 있기 때문에 시험을 앞둔 수험생들이 음용할 경우 시험 성적향상에 도움이 될 수 있다. 로열 젤리를 음용하면 기분이 좋아진다. 항상 최고의 컨디션을 유지할 수 있는데, 최고의 컨디션 유지는 매우 중요하다. 운동선수나 노동자가 최고의 컨디션일 때 나타나는 결과치는 엄청나다. 수험생이 로열 젤리를 먹고 갑

자기 머리가 좋아져 시험 성적이 올라가는 것이 아니라 최고의 컨디션 유지상태에서 시험을 치렀기 때문에 자기 실력을 마음껏 발휘하여 시험 성적이 올라가지 않았나 생각된다.

또 혈당량을 낮추고 간장 기능을 개선하고 강압작용 및 강심 작용을 하며 조혈 기능을 잃은 골수를 자극하여 피를 만들어 내게 하며 수명을 길게 한다. 더 이상 좋은 것이 없을 정도로 최고의 영양제인 셈이다. 적혈구와 헤모글로빈의 생성촉진, 관절통(류머티즘)에 대한 진통효과 및 치유 효과, 주로 신경계 질환과 관련된 원인불명의 고통으로부터 벗어나게 한다. 항생작용으로 대장균, 장티푸스균, 화농균, 토양균, 결핵균 등을 죽이고 특히 결핵 환자에게는 특효, 신경쇠약, 불면증이 없어지고, 고혈압 및 저혈압의 정상 회복을 돕는다. 편식하고 허약한 유아나 어린이는 신기하리만치 효과가 빠르다.

로열 젤리는 저항력을 증가시키기 때문에 병약, 병후 및 수술 후의 쇠약한 상태에서의 조기 회복에 탁월한 효과가 있고 아무리 심한 위장병도 4개월 이내 치유 효과를 보였다는 사례가 있다. 알레르기 비염 축농증에도 빠른 효과 있고 화상을 입었을 때 거즈에 발라 붙이면 화농 없이 신기하게 낫기도 한다. 이 밖에 괴질 병, 당뇨병, 소화기 질환, 호흡기 질병, 간장 질병, 갱년기 장애, 피부병, 치질, 암 수술 후 만성 콩팥염, 심장병, 해소, 천식, 소아마비, 임신중독 등 그 외 각종 암 예방 치료, 성인병을 물리치는 신비의 식품이다.

로열 젤리는 냉동실에 보관하고, 음용 시 쇠붙이는 사용하지 말고

플라스틱이나 사기로 된 티스푼을 사용하여 1회 3-5g씩, 아침 식사 전 30분과 저녁 취침 전으로 1일 2회 공복 시 음용하면 된다. 간혹 효과가 지나치면 월경이 재차 생기기도 한다. 또한 유방이 부어 유두가 아프고 암내 혹은 체취가 많이 날 수 있으니 그럴 때에는 복용량을 줄이면 된다.

교황 12세의 기적

로열 젤리를 말하려면 로마교황 비오 12세(1876-1958, 재위 1939-1958)의 일화를 빼놓을 수 없다. 정치적 수완이 뛰어났고 국제관계에 관심이 많아 평화의 교황이라고 불리었던 비오 12세. 로열 젤리가 지구촌에 큰 전환점을 가져온 사건은 1955년 로마에서 열린 국제 학술대회에서 로열 젤리 임상 실험 결과를 발표함으로 알려졌다. 그 내용은 1954년 로마교황 비오 12세의 기적이 일어난 사건이다. 교황이 노환으로 위독할 때 주치의는 속수무책이었다. 교황청 의료팀 주치의 3명은 합의하에 로열 젤리를 복용하기로 결정, 로열 젤리를 다량 복용하여 투약하므로 완쾌하는 기적이 일어났고, 1958년 로마에서 열린 제17차 국제 양봉 학술회의 참석 로열 젤리를 생산한 양봉가들에게 감사의 인사를 한 것이다. 이후 전 세계 양봉가들에게 로마교황 "비오 12세의 기적"으로 전해 오고 있다.

로마교황 비오 12세의 기적을 처음 듣는 사람, 특히 의약 분야의 전문가들은 "거짓말하지 말라"는 듯한 표정을 짓는다. 아무리 물에 빠진 사람이 지푸라기라도 잡는다지만 의사가 어찌 양봉가의 말만 믿고 지존이신 교황에게 로열 젤리를 투여할 수 있겠느냐는 반론은 충분히 있음 직한 일이다. 그러나 이보다 앞서 1952년 프랑스인 의사가 로열 젤리 주사제를 개발한 바 있었을 뿐만 아니라 파리의 Necker Hospital 등에서 2년 동안 임상 실험을 거쳐 1954년에는 보건부로부터 제약 허가를 얻었다는 사실을 알게 되면 교황청 의료팀이 무모하지만은 않았음을 짐작할 수 있을 것이다.

1953년 무렵 유럽 각국의 신문들이 로열 젤리에 관해 비상한 관심을 보임에 따라 많은 사람들은 불로장수의 꿈이 실현되는 줄 알고 기뻐해 마지않았다. 영원한 젊음을 누릴 수 있는 "신이 주신 음식", "불가사의한 기적의 영약", "마법의 젤리" 등 최고 최대의 찬사를 붙인 언론의 보도는 건강하게 오래 살기를 희망하는 사람들의 마음을 들뜨게 하기에 충분했다.

한국의 로열 젤리

한국에서 로열 젤리가 처음 알려지기 시작한 것은 언제부터인가?

부끄럽게도 이에 관한 정확한 기록은 없지만 저자가 확인한 바로는 1920년대 말부터 1930년대 초가 아닌가 한다. 서울대학교 총장과 주미 대사를 역임한 바 있는 장리욱 박사가 평북 선천에 있던 신성 학교 교장으로 재임(1928년 4월-1937년)할 때 양봉가 김형식 선생(해방 후 월

남, 「기독교 농민 생활」이란 월간지에서 양봉 관련 기고가로 활약, 현재 미국 거주)의 권유로 로열 젤리를 복용하였다는 생전의 말씀이 그 효시로 꼽히고 있기 때문이다.

원로 양봉가 윤은영 선생의 증언에 의하면 1950년 6월 중앙농업기술원(현 농촌진흥청의 전신)이 주최한 양봉강습회에서 로열 젤리 생산에 관해 지도했다 하니 1930년대 설은 어느 정도 신빙성이 있다고 하겠다. 그리고 주목할 만한 사실은 6.25사변 후 양봉강습회를 주재했던 고용호 선생의 소개로 당시 메디칼 센터(현 국립 의료원)를 운영하고 있던 스칸디나비아 의사들에게 생 로열 젤리를 공급하고 병원 출납 담당에게서 수금을 했다는 윤 선생의 증언이다. 그러나 국내에서 로열 젤리를 본격적으로 생산하기 시작한 것은 6.25가 훨씬 지난 1960년대 중반부터이다.

로열 젤리 성분에 관해 말할 때 누구나 마지막이란 전제를 달고 'R'이란 물질에 관해 말하게 된다. R 물질이란, 프랑스 파리대학 의학 교수인 데꼬르 박사(1956)가 주창한 미확인 물질을 말하는 것이다. 로열 젤리에는 오늘날까지도 알려지지는 않았지만 분명히 매우 중요한 극미량의 물질이 있다. 분석학자들은 이를 숙제로 삼아 두고 Royal Jelly의 머리글자를 따서 'R'물질이라 이름하였다.
로열 젤리에 관한 한 아무도 현재의 분석결과에 만족하고 있지 않다. 지금까지 많은 분석결과가 나왔지만 실제 로열 젤리가 인체에 미치는 영향을 충분히 설명하기에는 너무나 부족하다는 것이 의사나 생화학자들의 생각이다. 그러므로 로열 젤리의 성분을 한층 더 정확하게 규명하기 위해서는 포괄적인 연구가 아닌 극히 분야를 좁혀 집중적인 연구가 행해져야 할 것이다. 머지않은 장래에 꽃가루에서와 마찬가지로 로열 젤리에서도 매우 흥미롭고 놀라운 발견을 하게 될 것이다.

로열 젤리에 관한 모든 신비가 다 풀린다 해도 여전히 그 효과에 대해 회의적인 견해를 갖는 사람은 남을 것이기 때문에 우리는 이 물질에 대해 별로 친숙하지도 않고 이해하려 생각지도 않는 불신자들과 쓸데없는 논쟁을 벌이는 것보다는 'R' 물질과 그 효과가 있다는 사실은 숙제로 일단 남겨 두고 로열 젤리에 대한 보다 나은 이해와 활용을 위한 작업을 계속해 나가야 한다.

결론적으로 R 물질이 아니라도 로열 젤리는 생물, 그중에서도 동물계의 생명을 위해 중요한 역할을 하는 수많은 요소를 함유하고 있다. 이러한 요소들은 아무리 유전공학이 발달하여 세심한 인공적인 조작을 가한다 해도 실험실에서 재현하기란 불가능한 영원한 자연 산물이다. 파로틴은 생리적으로 젊음을 지키는 데 매우 중요한 역할을 하고 있다고 믿어지는 호르몬 물질이다. 파로틴은 근육이나 내장, 뼈 등은 젊어지게 하지만 신경계통에는 미치지 않는다고 하니 결국 외모는 젊어지게 되지만 기억력 등은 회복되지 않는다는 뜻이라 생각하면 된다. 로열 젤리에 들어 있는 파로틴과 비슷한 또는 파로틴과 같은 물질 즉 유사파로틴 때문에 이 물질을 복용하면 흰머리가 검어졌다든가 하는 회춘하는 현상이 일어난다고 보고 있다.

가까운 지인은 몇 년 전 나에게 이렇게 말했다. 나에게 구한 생 로열 젤리를 아내가 먹었는데 갱년기 후 멎었던 생리가 로열 젤리를 먹고 다시 살아났다고, 그 이후로 로열 젤리를 부부 건강을 위해 꾸준히 먹고 있다고 한다.

또 다른 지인은 암 환자인데 내가 공급해 주는 로열 젤리가 다 떨어져 시중에 똑같은 가격을 주고 구입해 먹었는데 내 몸의 반응이 다르게 나타난다며 꼭 내가 공급해 주는 국산 로열 젤리만 넉넉하게 구입해 먹고 있다. 그렇다. 국산과 수입산의 로열 젤리는 효능의 차이가 크다.

프로폴리스의 신비

　벌집에서 추출한 천연항생물질인 프로폴리스를 만난 당신은 분명 행운이다. 그만큼 프로폴리스는 우리가 알지 못하는 여러 가지 기적 같은 작용과 밝혀지지 않은 많은 성분이 있기 때문이다. 지금 우리의 삶에 있어서 가장 중요하게 생각하는 것 중 하나가 건강하게 사는 것이다. 그리고 삶의 질을 높이는 것이다.

　건강한 사람은 그 건강을 유지하고, 건강에 이상이 있는 사람은 치료 과정에서 일어나는 여러 가지 부작용들을 극복하고 끝내는 그 병에서 승리하기를 희망하기 때문이다. 꿀벌이 만들어 내는 금세기 최후의 건강식품이라 일컬어지고 있는 프로폴리스는 전 세계적으로 활발한 연구 중에 있다.

　특히 1990년 9월 일본에서 개최된 제50회 일본 암 학회에서 "프로폴리스로부터 암세포를 죽이는 성질을 가진 물질을 찾아냈다."는 발표로 업계와 학계는 물론 일반인도 많은 관심을 갖게 되었다. 그리고 다음 해 위암, 간암, 폐암에 대해 효과가 있다는 연이은 발표로 더욱 뜨거운 시선을 받게 되었다.

신비의 천연항생제

현재 우리나라는 프로폴리스가 의약품이 아닌 건강 기능식품으로 분류되어 가까운 일본이나 동유럽 수준으로 널리 알려지지는 않았지만, 산학연계를 통해 꾸준한 발전을 보이고 있다.

그렇다면 과연 프로폴리스는 무엇일까? 프로폴리스는 몸속의 모든 통증을 경감시켜 주는 신비의 천연항생제이며, 내복 및 외용제로 항균, 살균, 진통작용을 한다. 벌들은 프로폴리스를 통하여 벌집 내부의 소독과 살균작용에 사용하기 때문에 벌집 안은 매우 청결하고 무균상태를 유지하게 된다. 그래서 프로폴리스를 천연항생물질이라 한다. 그리고 프로폴리스는 유기산, 아미노산, 정유, 화분, 비타민, 미네랄 등과 복합적인 천연성분이 더 포함되어 있어 식물의 생명체를 응축한 것이라 할 수 있다.

이들 성분 중에 여러 가지 치료 효과를 발휘하는 성분은 "플라보노이드"이다. 플라보노이드는 식물의 여러 부분에 함유되어 있는 노란 색소 전체를 말하며, 현재까지 발견된 것은 500-2,000종에 달한다고 한다. 플라보노이드는 인체에 유효한 역할을 하나, 플라보노이드 단 한 종류만으로는 그 역할을 충분히 발휘하지 못한다. 그러나 프로폴리스에는 약 100여 종의 플라보노이드가 함유되어 있다. 그들이 서로 작용하여 간암, 간경화, 당뇨, 알레르기성 천식, 피부세포 조직 활성화, 암의 통증 완화, 종양 증식 억제, 요통, 두통, 화상, 습진, 위장 강화, 기미,

불면증, 주근깨, 변비, 치질, 백혈병, 감기, 산후 악성 관절염, 무좀, 여드름, 아토피성 피부염, 피부미용, 탈모, 혈액 정화와 피부병에 탁월한 효능을 발휘하게 된다. 여러 자료나 임상 사례를 통해서 알고 있는 그 이상의 무엇을 프로폴리스는 가지고 있다.

이 글을 통해 고대로부터 전해져 오는 프로폴리스에 관하여 자세히 알고, 양봉 농가에 의해 쉽게 구할 수 있는 프로폴리스를 이용하여 자신의 건강과 이웃의 건강을 지키는 지름길로 우리 모두 함께 나아가길 바라본다.

프로폴리스란 무엇인가

1960년대 전반, 과학자들이 수많은 곤충을 대상으로 조사한 결과, 인체에 유해한 박테리아가 없는 것은 꿀벌뿐이라는 것이 밝혀졌다. 꿀벌들의 집 속이 무균에 가까운 상태로 유지되고 있었던 것이다. 꿀벌의 집은 사과 상자만 하고, 그 안에 2만 마리가 넘는 벌들이 산다. 생명체의 주거 조건치곤 무척이나 열악한 셈이다.

뿐만 아니라 습도도 높고 온도도 높아서 세균과 바이러스 등이 살기 좋은 환경이다. 그러나 그 안의 벌들은 건강하게 살며, 균에 쉽게 노출되는 어린 유충들도 아무 탈 없이 잘 자란다. 세균이나 박테리아가 없기 때문이다. 그 이유가 바로 "프로폴리스"에 있다. 프로폴리스는 유럽과 미국에서 예부터 건강보조식품이나 의약품으로 쓰여 온 물질이다.

고대 이집트에서는 미라를 만들기 위한 방부제로 쓰였고, 잉카에서는 열병의 치료 약으로 쓰였다. 19세기 말의 전쟁에서는 상처의 살균과 치료에 사용하기도 했다. 우리나라에서는 벌이 만든 "아교"라고 해서 일찍부터 한방에 쓰였다. 프로폴리스는, 그리스어로 "도시의 앞에서 도시 전체를 수호 한다."라는 뜻이다. pro(앞)라는 말과 polis(도시, 국가)란 말이 합쳐진 것이다. 따라서 프로폴리스는 각종 세균으로부터 벌집을 지켜 주는 물질인 것이다. 프로폴리스는 각종 식물에서 나오는 진액을 벌들의 침(타액)으로 효소화시킨 것이다. 식물은 자기 몸에 상처가 나면, 스스로를 회복시키기 위한 진액이 나오는데, 벌들이 이 진액을 빨아 입에 넣고 2-30분간 씹으면서 자신의 침과 섞어 효소처럼 만드는 것이다. 이것을 벌집의 구석구석에 발라 세균의 침입을 막는다. 이 지구상의 모든 생명체는 자신의 생명을 유지하기 위한 자체의 기능을 지니고 있다. 우리 인체에 침입한 세균을 물리치기 위해 백혈구가 있듯이, 식물에도 자신의 생명을 유지, 발전시키기 위하여 스스로 분비되는 물질이 있는데 이것이 바로 프로폴리스의 기초 원료가 되는 수지이며, 이것은 항바이러스성 천연물질로써 꿀벌들은 이것을 통하여 자신의 건강을, 해충 바이러스로부터 지키는 천연적 지혜를 수천 년 전에 이미 터득하고 있었던 것이다.

옛 로마 병사들은 전쟁에 출전할 때는 반드시 프로폴리스를 몸에 휴대했다가 전쟁에서 입은 상처를 치료하는 데에 사용해 왔고, 창이나 칼 또는 화살로 입은 상처는 제때 치료하지 않으면 곪아 썩기 마련인데,

프로폴리스는 화농 방지는 물론 천연물질의 치료제로서 약보다 빠른 조직재생 작용을 한다는 것을 엿볼 수 있다.

이슬람교의 경전인 『코란』에 "사람의 시체 해부 및 소독에는 프로폴리스를 사용한다."라고 기록되어 있고, 기원전 300년 경 이집트에서 프로폴리스를 사용한 기록과 수술을 한 뒤 화농 방지제로써 프로폴리스를 사용했다는 기록을 볼 때 아주 오래전 우리 인류는 프로폴리스를 사용할 줄 아는 지혜를 터득했음을 알 수 있다. 동양 최고 의서인 『동의보감』에도 노봉방이라는 이름으로 지금의 프로폴리스를 소개하고 있는데 "해소 천식에 노봉방을 사용하라."라고 나와 있다.

서기 1600년 잉카제국은 스페인에 의해 점령되었는데 이때 프로폴리스는 화농 방지 및 해열제로서 이미 사용되고 있었다. 남아프리카의 보어전쟁에서는 프로폴리스에 바세린을 섞어 100명의 병사들에게 사용한 바 "프로폴리스 와세린"이라는 이름으로 불리는 등 대단한 효과를 보았다고 한다.

이후 1세기 동안 프로폴리스는 역사에서 사라졌다가 1965년 레미 쇼방이라는 프랑스의 의학박사에 의해 재발견되고, 당시 유럽 사회에서는 사람이 만든 인공항생물질은 처음에는 효력이 있다가 어느 정도 후엔 효과가 떨어진다는 것을 알게 되고, 그래서 천연항생물질을 발견해야 한다는 여론에 힘입어 재발견된 것이 바로 프로폴리스이다. 쇼방박사는 곤충에 붙어 있는 세균을 연구하던 중, 꿀벌의 몸에는 그 어떤 박테리아도 없음을 발견하고, 그들의 거주지인 벌집에 전혀 세균이 없는 무균상태인 것에 더욱 놀라게 된다. 쇼방 박사의 놀라운 연구발표를 신문을 통해 알게 된 양봉가 아아가드 씨가 그 효능을 확신하게 된 것은 1976년 6월 3일이었다.

폴라보노이드의 원리

프로폴리스의 주성분은 "플라보노이드"다. 플라보노이드는 요즘 껌이나 치약에 첨가되는 것으로 많이 알려져 있다. 껌이나 치약에 사용되는 이유는, 그 특유의 향기가 냄새를 제거하는 효과가 있기 때문이다. 그러나 무엇보다 플라보노이드가 주목받는 것은 인체에 쌓인 중금속을 배출하기 때문이다. 또 생체의 면역력을 강화해서 각종 세균에 감염될 우려를 낮춰 주며, 인체에 유효한 효소 반응을 높여 준다. 1969년 구소련의 동물실험에서는 플라보노이드가 페니실린 같은 항생물질보다 항균과 살균작용이 강했다는 결과가 나오기도 했다. 또한 환경오염으로 염색체가 손상되면 기형이나 암이 발생할 가능성이 높은데, 플라보노이드는 이렇게 손상된 유전자를 복구하는 데에도 효과가 있다고 한다. 실례로, 1961년 동유럽에서는 동물실험을 통해서 플라보노이드가 종양을 억제하는 작용이 있음을 밝혔다. 우리가 프로폴리스를 주목하는 이유는, 프로폴리스 안에 플라보노이드가 약 20종가량 함유되어 있기 때문이다.

1991년 일본 국립 예방위생 연구소에서는 프로폴리스가 암세포를 사멸시켰다는 것을 발견하여, 일본 암 학회 총회에서 발표하기도 했다. 프로폴리스는 일정한 제조과정을 거쳐야 사람이 먹을 수 있으며 시중에 나와 있는 프로폴리스는 주로 식용 알코올에 담가 추출하고 있다. 먹는 방법은 미지근한 물에 타 먹는 것이 일반적이지만 신맛이 나기 때문에 냄새가 거슬리는 사람은 꿀이나 요구르트를 타서 마셔도 좋다.

건강한 사람이 계속 건강을 유지하기 위해서 먹을 경우에는 물에 탄 프로폴리스를 하루 1회 소주잔으로 1잔 정도 먹는다. 아픈 사람이 음용할 경우에는 하루 2회 정도 먹는다. 단 주의할 점은 녹차는 피하는 것이 좋다. 녹차에 함유된 탄닌은 모세혈관을 수축하는 작용이 있는 반면 프로폴리스는 모세혈관을 확장하기 때문에 녹차와 함께 마시면 효과가 떨어지게 된다.

우리나라의 프로폴리스

유럽에서는 예로부터 민간약으로 널리 쓰였지만 공식적으로 학술 연구 대상이 된 것은 1969년 독일 뮌헨에서 열린 제22회 국제양봉회의(학술발표회를 겸해 열림) 때부터이다. 우리나라에서도 뮌헨 회의를 계기로 당시 『월간 양봉계』 주간이던 정도영 선생이 그 잡지에 소개하면서 양봉가들이 귀찮게만 여겼던 프로폴리스가 귀중한 양봉산물의 대열에 들어가게 됐다.

프로폴리스의 존재가 우리나라 문헌에 처음 등장한 것은 윤신영의

『실험 양봉』(우리나라 최초의 양봉서) 아닌가 한다. 그러나 "수지"라 하여 벌집을 수리하거나 땜질하는데 이용하는 것으로만 알았을 뿐 양봉 산물로서 이용 가치가 있는지는 전혀 모르고 있었다. 이렇게 프로폴리스의 존재가 비교적 최근에야 알려진 까닭은 재래종 꿀벌(토종벌)이 프로폴리스를 매우 적게 수집하는 품종이었기 때문으로 여겨진다.

재래종 꿀벌의 소비가 견고하지 못해 오래 가지 못하고 잘 부서지는 것은 프로폴리스를 아주 적게 싸 바르기 때문이란 사실은 잘 알려져 있다. 정도영 선생에 의해 우리나라에 뒤늦게 소개되긴 했지만 양봉가들 사이에 이용자들이 점점 늘어나다가 1980년대 중반에는 프로폴리스 채집기까지 개발되면서 일반에게 널리 알려지기 시작했으며, 지금은 현장 판매하기 위해 소비자를 접하면 열 명 중 절반은 프로폴리스에 대해 알고 있는 실정이다. 일제 강점기에 일본의 영향으로 수지에서 봉교로 지금은 세계적인 공용어인 프로폴리스로 부르고 있다. 국내에 유통되는 프로폴리스 추출물 제품의 90% 이상이 외국산(호주, 뉴질랜드, 브라질, 중국 등)이며 국내산 제품으로 시장 점유는 아주 열악하기 그지없다. 전국 4만 양봉농가가 생산하는 프로폴리스 원 물질은 1군당 생산량 100-200g으로 약 20톤 정도로 국내 유통시장을 점유하기란 역부족이지만 양봉 농가의 참여와 생산량 증가에 힘입어, 세계에서 가장 우수하다는 브라질산보다 플라보노이드 성분함량이 더 많은 국내산 프로폴리스를 하루빨리 보급하여 우리 국민의 건강은 우리가 생산한 프로폴리스에 의해 지켜지길 간절히 소망한다.

지난 2006년 9월 5일 생산자 단체인 파주양봉영농조합에서 건강 기능식품인 프로폴리스 추출물 제품의 제조 허가를 국내에서 다섯 번째로 식약청으로부터 받고 지금은 제품생산에 들어가 국내 양봉 농가들의 꿈을 실현하기도 했다.

천연항생제 프로폴리스

프로폴리스에 어떤 물질이 함유되어 있는가에 대한 동유럽과 일본의 국립예방위생연구소와 각 대학 의학부와 연구기관에 의해 진행되어 독일 킬 대학의 하브스텐 교수가 발표한 것이다.

50-55% 진류(방향성 발삼류) 수지

30-40% 밀랍

5-10% 화분의 에스텔류, 유지, 아미노산, 유기산, 회분, 철,

구리, 망간, 아연, 피톤치드, 비타민 B 복합체, 비타민 E, C, H, 프로

비타민 A, 플라보노이드, 항생무질, 효소

이것은 대강의 분류에 불과하다. 자연 물질인 프로폴리스에는 참으로 많은 종류의 물질이 함유되어 있다. 1969년 최첨단 분석기를 사용하여 분석한 결과, 104종이나 되는 성분이 함유되어 있다는 연구도 발표되었다. 그중에서도 유기물과 미네랄 성분이 풍부한 것으로 나타났다. 성분 중에는 항암작용을 가지는 테르펜류가 여러 종류 함유되어

있다고 한다. 일본의 의학박사 마에다 씨는 그의 저서 『프로폴리스로 난치병을 극복하다』에서 프로폴리스는 다음과 같은 효능이 있음을 증명한 바 있다.

① 진정작용
② 항균, 항염증 작용
③ 항암, 살 암 작용
④ 조직재생 작용
⑤ 면역 부활 작용
⑥ 활성산소 제거 작용
⑦ 세포막 강화 작용
⑧ 백혈구 증가 작용
⑨ 항히스타민 작용
⑩ 혈관 강화 작용
⑪ 골 석회화 작용

현재 프로폴리스의 구체적인 성분에 대해서는 아직 확인되지 않은 물질이 많은 것으로 알려지고 있으나, 카페인산, 페네틸 에스테르 등 항암 및 제암 효과를 가진 성분을 비롯하여 프로폴리스가 지닌 미세 성분의 구체적인 성상과 효능에 대한 연구가 지속적으로 진행되고 있다. 프로폴리스의 대표적인 효과로 항균과 살균 작용을 꼽을 수 있다.
특히 현재 우리의 목숨을 위협하는 "에이즈"와 "에볼라 바이러스" 등의 예방과 치료에도 프로폴리스의 효과가 클 것으로 업계는 내다보고 있다. 프로폴리스의 뛰어난 항균 성분은 여러 업계에서 주목하고 있고 항균 성분은 식품에 있어서 방부제 역할을 하기 때문에 식품회사를 비롯하여 화장품 회사, 제과 회사, 심지어 목재 관련 업체까지 관심을 쏟고 있다. 1993년 한 연구에 따르면 프로폴리스 추출물이 인간의 면역 체계와 연관된 대형 살균소(청소 세포)의 활성 현상을 일으키는 것을 알 수 있다. 이러한 결과가 프로폴리스의 종기 방지 효과를 설명해 준다. 최근에는 후천성 면역결핍증에도 프로폴리스를 적용시키려는 연구가 활발하게 진행되고 있다.

1997년에는 탁월한 노화 방지 효과를 지닌 "propol"이라는 물질을 프로폴리스에서 분리해 내는 데 성공했고, 프로폴리스 추출물들이 간세포의 손상을 방지하고 있음을 밝혀냈다. 프로폴리스가 활성산소를 제거하고 인체의 면역력을 증가시킴으로써 암이 발병할 수 있는 인자를 원천적으로 제거한다는 차원 말고도 구체적으로 암세포의 성장을 억제하고 사멸시키는 성분을 다량 함유하고 있다는 것을 밝혀 주고 있다. 항암제와는 달리 건강한 세포에는 작용하지 않고 암세포에만 효능을 나타냄으로써 부작용이 전혀 없는 것이 특징이다. 인체가 스스로 보유하고 있는 항암 기능인 NK 세포의 기능을 활성화시키고 암에 대한 면역력을 강화하여 치료 효과를 높이는 점이 더욱 중요한 것으로 평가되고 있다. 프로폴리스는 항암치료와 함께 병용할 경우 치료 및 회복 속도가 빨라지고, 탈모, 구내염, 혈소판, 파괴 ED 항암치료의 부작용이 현저하게 줄어들게 하는 효과도 있다.

일반 감기와 인플루엔자와 같이 박테리아와 바이러스 감염으로 인한 증상은 현 의학에는 마땅한 치료제가 없는 분야이다. 그러나 프로폴리스는 이 부분에 대해서도 탁월한 효능을 발휘한다. 실험을 통해 치료를 받지 않은 쥐들이 5일 이내에 죽은 반면, 추출물을 구강 복용한 쥐들은 40% 생존율을 보여 주었고, 주사로 투여받은 쥐들은 60%의 생존율을 나타냈다. 프로폴리스의 이러한 방어 효과가 대식 폐포 활동의 활성화에 기인한다고 보고 있다. 2002년 4월 한일 자연 의학 심포지엄에서 강원대 동물 자원 과학대 권명상 교수는 프로폴리스가 위염과 위암 유발인자로 잘 알려진 헬리코박터 파일로리균을 억제한다는 연구논문을 발표했다. 이로 인해 위궤양과 위염에 대한 효과도 입증된 셈이다. 진통 효과는 토끼의 각막으로 실험해 보았을 때, 코카인보다 3배, 프로세인보다 52배나 강력한 진통 효과를 나타냈다. 직접 경험한 바로 치통일 때 복용 후 5분 내로 통증이 멈추는 것을 수없이 경험했다. 화학적으로 합성된 진통제에는 부작용 또는 습관성이 문제가 있다. 그러나 천연물질인 프로폴리스에는 그런 악순환이 없다는 것이 커다란 특징이다.

프로폴리스에 있는 아파트 알레르기 물질이 필요 이상의 당분을 섭취하는 것을 억제하고, 따라서 인슐린을 분비하는 췌장의 부담을 경감시킨다. 또한 프로폴리스가 지닌 활성산소 제거 능력은 당뇨병이 진행을 억제시키고 간장의 보호 효과를 높인다고 알려져 있다. 따라서 프로폴리스를 복용하면 바이러스의 활동이 제한을 받고, 인슐린의 생산 기능이 회복되어 당뇨병이 낫게 되는 것이다. 당뇨병의 합병증 환자들에게 프로폴리스를 마시게 한 결과 단기간에 좋아졌고, 대부분의 사람들은 완치되었다. 이 밖에 혈압 혈관 강화 및 혈당 유지 효과, 심장혈관 효과, 치아보호 효과, 항암제의 부작용을 경감시키는 효과 등 프로폴리스는 세포의 부활과 성장을 촉진하고, 활성산소의 제거를 통해 세포의 손상과 각종 질병의 발병을 막아 주며, 면역력과 자연치유력을 증감시켜 건강을 유지하고 질병에 대한 저항력을 높여 준다.

21세기 더욱 각광받는 프로폴리스

한국 원자력연구소 조성기 박사(방사선 생명공학 팀장)는 2002년 4월 25일 건국대 식품개발연구소와 서울기능식품이 공동 주최한 한일 자연 의학 심포지엄에서 방사선을 쪼인 실험용 쥐에 프로폴리스를 투입한 결과, 방사선에 의한 세포 DNA 손상은 혈액을 생산하는 조혈 기능과 면역기능이 크게 향상되었다고 밝혔다. 암 환자가 방사선 치료를 받을 때 가장 많이 나타나는 부작용은 정상적인 세포 손상과 면역 및 조혈 기능 저하이다. DNA 손상은 47% 억제되고 조혈 기능은 1백11% 회복시킨 것으로 나타났다. 특히 프로폴리스와 복합제를 사용할 경우 면역세포인 T 세포와 NK 세포가 각각 152%, 73-113% 증가하는 효과를 보였다.

대전 보건 환경연구원 정연기 가축위생연구부 시험 과장이 충남대에 제출한 박사학위 논문에 따르면 프로폴리스가 당뇨병 치료에 획기적인 치유력을 가진 것으로 밝혀졌다. 정 과장은 지난해 8-9월까지 한 달간 당뇨병을 앓는 실험용 쥐를 대상으로 프로폴리스를 투약한 결과, 거의 정상치에 가까운 혈당치를 보였다고 밝혔다. 이 과정에서 인슐린 분비기관이자 위축 시 당뇨병의 원인이 되는 베타세포의 활동력이 매우 커진 것으로 확인돼 일시적인 치료가 아닌 완치까지 가능한 것으로 규명됐다. 정 과장은 "그동안 당뇨병 치료제는 인슐린 투약 등 완치보다 일시적인 치료 수준에 머물렀지만 이번 실험을 통해 완치의 가능성을 확인했다."라며 "다만 200여 개인 프로폴리스 성분 중에 어떤 성분이 당뇨 치료 역할을 하는지 앞으로 규명해야 할 과제"라고 했다.

프로폴리스는 20세기 후반에 갑자기 나타난 정체불명의 만병통치약으로 알려졌는데, 사실은 수천 년 동안 인류와 함께 공존해 온 좋은 식품으로 미 우주 항공국(NASA)에서 발표한 노화 방지 장수 식품 8가지 중 꽃가루에 이어 2번째로 알려져 있다. 21세기 들어 재조명 받는 천연 건강식품인 프로폴리스, 요즈음 우리나라의 학계나 업계에서도 천연항생제에 주목하고, 우유를 생산하고 있는 젖소의 유선염 치료제로 사용하고 있다. 이것은 합성의약품의 각종 부작용을 체험한 업계의 자구노력이라 할 수 있다. 프로폴리스는 암, 당뇨, 위염, 알레르기성 질환 등 각종 질병에 대한 개별적인 효능도 뛰어나지만, 무엇보다 인체의 고유한 기능과 밸런스를 정상적으로 복원하여 인체 스스로 최적의 건강

상태를 유지하고 질병에 대해 저항하며, 질병을 치유할 수 있는 능력을 키워 준다는 데 더욱 큰 의의가 있다.

전문의도 놀라는 여러 가지 효능

최근 여러 가지 환경의 변화로 대두된 것이 아토피성 피부염이다. 특히 어린이에게서 많이 볼 수 있고, 생후 1-3개월의 갓난아기에서 사춘기까지 폭넓게 나타난다. 대부분 어른이 되면 자연히 없어진다고 하지만, 성인 여성의 경우는 남성보다 많이 나타난다. 이때 프로폴리스를 1일 3회 정도 먹고 바르면 상태에 따라 다르지만 지속적으로 사용하면 가려움증이 점점 사라지며 호전 반응도 없어지는 동시에 거칠었던 피부도 매끄럽고, 깨끗해진다.

나날이 환경이 악화되면서 우리 주위에는 천식, 비염, 알레르기성 각종 질병 등이 심해진다. 실내 먼지나 특히 날로 극심한 황사에는 인체에 유해한 물질이 많기 때문에 유아나 노약자 등은 외출을 삼가야 한다. 그러나 황사가 심할 때에는 외출한 후 스프레이로 분무하거나, 프로폴리스 한 방울을 미지근한 물에 타서 양치질을 하면 구강 소독에 탁월하다. 감기가 유행하거나 특히 환절기 때는 실행해 보면 반드시 효과를 볼 수 있다.

소아천식과 기관지 천식에는 프로폴리스를 목에 뿜어 넣는 방법을 권장하며, 이 방법과 아울러 물에 타서 마시는 방법도 병용하는 것이 좋다. 프로폴리스의 약효는 입속의 세균을 죽이는 항균 작용, 항염증 작용, 소염 작용 등이 유효하게 작용해서 꽤 심한 기침도 4-5회만 입속에 뿜어 넣으면 점점 가라앉는다. 분무기에 넣은 프로폴리스를 콧속에 분사하면 호흡기의 증상 중에 코감기나 알레르기성 비염, 만성 비염 등 콧병에는 효과가 탁월하다. 프로폴리스 생산지로 알려진 브라질에서는 프로폴리스를 주머니에 넣고 다니다 몸에 이상이 생기면 바르거나 물에 타서 마신다고 한다.

프로폴리스는 정혈 작용, 강심제로서의 약효가 피부 전체에 깊숙이 침투하기 때문에 입욕을 위한 탕 속의 물은 일반적으로 40-45도 정도면 적당하고, 프로폴리스를 넣은 물은 39도 정도로 조금 식히는 것이 좋고, 2인용 욕조에 1회 30g 정도가 적당하며 욕조에 몸을 담그고 있으면 혈액순환이 좋아지고 신진대사가 촉진되어 심신의 피로가 회복된다.

이 밖에 화상 염증과 화기 진정, 피부병, 주부습진, 어린이 피부습진, 심한 욕창, 백선 병, 무좀, 대머리와 탈모, 요통과 생리통, 변비 등 위장 활동을 돕고 피부미용에 탁월하며 여드름 치료와 기미, 주근깨, 유행성 결막염, 충치와 치조농루, 풍치, 치질, 악성 신경통, 악취와 숙취 예방 등 공기청정기, 에어컨 필터에 사용해 실내 공기정화, 가습기와 향기 요법, 우울증과 불면증, 마스크에 이용하면 비염과 두통 해소 등 이와 같이 헤아릴 수 없을 만큼 프로폴리스를 응용할 수 있는 것이 수없이 많다.

하나님은 눈이 있고, 움직일 수 있는 동물에게는 스스로 병을 이길

수 있는 지혜를 주셨고, 식물은 한 번 뿌리를 내리면 그곳이 태어난 곳이고, 죽는 곳이다. 그렇기 때문에 식물에는 특수물질을 주어서 상처가 나도 세균이나 바이러스가 침입하지 못하도록 막아 준다. 그 물질이 식물의 진액 프로폴리스의 원 물질이다. 식물은 이물질 때문에 뿌리를 내린 곳에서 수백 년씩 살게 된다. 껍질에 상처가 나면 제일 먼저 찾아오는 손님은 세균과 바이러스이다. 세균의 범위가 확대되면 그 나무는 자연히 고사한다. 이것을 막기 위해 진액 속엔 강한 항균 작용과 항염 작용을 있게 한 것이다.

다행히도 하나님은 인간과 동물에게도 사용케 하여, 진액을 영충인 꿀벌로 하여금 금세기 최후의 생약, 기적의 신약으로 탄생시킨 플라보노이드가 주성분인 프로폴리스인 것이다. 어떤 성분이든 피를 맑게 하는 작용이 있으면 거기에는 해독작용도 분명히 하게 된다. 해독작용 없이는 피를 맑게 할 수 없다. 흙탕물이 내려와서 아무것도 보이지 않을 때는 시일을 두고 기다리면 흙이 가라앉으면서 물이 맑아진다. 그것보다 더 좋은 방법은 깨끗한 물이 들어와서 모든 것을 씻어 내는 방법이다. 플라보노이드는 후자의 일을 한다. 위대한 식물학자 린내(Linne)와, 비교 해부학자인 퀴비에(Cuvier)는 "인간의 자연식은 과일과 식물의 뿌리, 그리고 채소와 벌꿀이다."라고 말했다. 히포크라테스는 "음식물로 고치지 못하는 병은 의사도 못 고친다."라는 유명한 말을 남기기도 했다.

2003년 사스(중증 급성 호흡기 증후군), 2009년 신종플루, 2015년 메르스(중동 호흡기 증후군), 2020년 우한 폐렴(신종코로나 바이러스)에 이르기까지 사상 최악의 지구촌의 재앙이 아닌가 생각된다. 지구촌에 전염병이 발생할 때마다 프로폴리스를 찾는 사람이 늘고 급기야 코로나19에는 프로폴리스 판매량이 최고의 기록을 세우고, 각 가정마다 상비약처럼 이용하고 있는 놀라운 현실을 맞이하게 되었다.

건강기능식품 프로폴리스 제조 식약청 허가

2006년 9월 6일 국내 다섯 번째로 건강기능식품인 프로폴리스제조 허가를 받았다. 프로폴리스 제품을 허가받기 위해 정말이지 우여곡절도 많았고, 허가를 받기까지 무척이나 힘들었다. 제조 허가장을 받고 식약청 정문을 나올 때 눈물이 앞을 가렸다. 함께 응원하고 함께 고민해 준 고마운 분들의 얼굴이 떠올랐다. 벅찬 감정을 억누르며 가장 먼저 전화를 하고 기쁜 소식을 나누었는데, 어제 일처럼 기억이 생생하다.

33년 전 처음 입문했을 때 꿀은 이미 선배 양봉인들이 개척을 했고, 미개척 분야인 프로폴리스에 관심이 많았다. 당시만 해도 양봉인들은 꿀벌이 프로폴리스의 원료인 봉교에 모여들고 해서 귀찮아, 버리거나 땅속에 파묻곤 했다. 나는 봉우님들에게 kg당 만 원에 구입하여, 일 년이면 두 드럼씩 담아 판매를 했다. 일 년 중 가장 추운 날을 택해 완전무장을 하고 양봉장에서 봉교를 쇠 절구에 넣고 빻아 고운 체로 쳐서 가루를 만들어 찬 얼음물에 잠깐 담궈 물에 뜨는 밀랍과 불순물을 걸러 내고, 물을 버린 다음 앙금으로 앉은 봉교만을 모아 말린 다음 주정에 담궈 6개월 동안 숙성하여 추출한 다음, 영하 15도 이하로 내려가는 가장 추운 날 깨끗하게 추출한 프로폴리스를 주사기로 병입하였다. 한 번은 비율을 잘못 맞춰서 한 드럼을 버린 적도 있었다. 이렇게 많은 양을 추출하여 홍보도 하고 판매를 했는데 때론 부족하여 지인 양봉인에게 구입하여 판매하기도 했다. 그런데 세월이 지난 지금은 오히려 그 지인이 파주 양봉조합의 프로폴리스를 구입하고 있으니 세월의 흐름에 격세지감을 느낀다.

프로폴리스를 홍보하면서 판매할 때 예기치 않게 사고가 발생하곤 했다. A가 100ml 한 병에 25,000원에 구입해서 B에게 50,000원에 판매를 하고, B는 C에게 암에 좋다고 100,000원에 판매한 것이다. C가 뒤늦게 비싼 가격에 구입한 것을 알고 반품을 요청하니 B는 해 주지 않아 경찰서에 고발하게 되었고, 이로 인해 B는 물론이고 A와 나까지 벌금을 내게 되었는데 나는 가장 많은 3백만 원의 벌금을 내고 A와 B는 각각 백만 원의 벌금을 내었던 사건이다. 건강기능식품을 허가 없이 제조 판매했다고 가장 많은 벌금을 내었다.

그 후로 인터넷 판매로 한 번 더 백만 원의 벌금을 내고 나니 홍보와 유통이 위축되어 고민하면서 어떻게 하면 허가를 받고 제조 판매할 수 있을까 고민하게 되었다. 아무리 생각해도 답이 나오질 않았다. 전국에 있는 봉우님들이 나와 같은 생각을 하고 있으면서 허가를 받지 못한 것은, 건강기능식품 제조는 여러 가지 까다로운 조건이 있는데, 그중 가장 힘든 것이 식품기술사 자격증을 소지한 사람을 고용해야만이 가능한 것이었다.

　당시 우리나라에서는 건강기능식품인 프로폴리스 제조 허가 업체는 단 네 업체에 불가하였으니 가히 짐작이 간다. 그런데 나에겐 행운이 왔다. 평소 내가 잘 아는 지인이 식품기술사 자격증을 가지고 식품공장을 운영하고 있었으니 말이다. 식품기술사 자격증만 소지하면 큰 식품공장에 공장장으로 월 오백만 원 수입이 보장되었으니 대단한 고급 인력이었다. 이러한 이유 때문에 국내에서 프로폴리스 판매로 유명한 양봉원이나 단체에서 제조 시설을 완벽하게 갖추고도 허가를 받지 못한 곳이 한두 곳이 아니었는데, 나는 정말 운이 좋았고 지인은 나의 어려움을 알고 흔쾌히 부탁에 응해 주었다. 그 뒤로는 벌금 걱정 없이 건강기능식품인 프로폴리스를 제조, 가공, 유통까지 가능하게 되었으니 당시엔 세상에 모든 것을 다 얻은 것처럼 말로 형언할 수 없이 기뻤다. 이렇게 해서 국내 유일하게 생산자 단체인 파주양봉영농조합법인에서 다섯 번째로 식약청으로부터 건강기능식품 제조 허가를 받을 수 있게 되었다.

꽃가루 이야기

화분 또는 꽃가루는 폴렌(Pollen)이라 하고 식물의 꽃에서 꽃가루를 수집하여 꿀벌의 어금니에서 분비한 파로틴(Phllenlood)과, 침(타액)을 가입한 입자를 화분단(Pollennood) 또는 화분입이라고 한다. 고대 중국에서는 백화의 정, 그리스인들은 제신의 음료, 서구 유럽에서는 꿀보다 더 좋은 엑기스라 한다. 화분은 가열하지 않고, 제조 가공하지 않은, 신선한 식품으로 화분은 곧 식품이자 약품인 셈이다.

화분의 주성분은 단백질 29.8-35%, 탄수화물 30%, 미네랄 5%, 비타민 11%, 지방 3-14.4% 등으로 사람의 몸에 필요한 영양소는 거의 포함되어 있다.

화분 중에 포함된 미네랄은 칼슘, 마그네슘, 나트륨, 칼륨, 규산, 규소, 염소, 황, 인, 구리, 철, 망간 등 17종으로서 특히 많은 것이 칼슘, 귀, 인, 아연, 망간 등이다. 비타민은 많은 학자들의 연구에 의하여 점차로 종류가 많아지고 있으나 현재까지 검출된 것만도 A, B1, B2, B6, B12, C, D, E, 엽산, 니코틴산, 판토텐산, 이노시톨, 비오틴 등 수용성에서 지용성에 이르기까지 적어도 20종류의 비타민을 가지고 있다. 특히 비타민 C는 자연계의 어떤 식품보다도 많은 양을 함유하고 있다. 아미노산은 라이신, 류신, 메티오닌, 트레오닌, 발린, 히스티딘 등 18종. 효소, 보효소는 아리라제, 지아스타제, 삭크라제 베스다제, 카다라제, 코치마제 등 18종. 기타 원소로는 핵산, 페놀산, 옥신, 그로코스, 구아닌, 아민, 레시틴, 크로세틴, 리코펜 등 28종류 도합 100종에 이르고 있다.

벌꿀과 로열 젤리는 천연의 종합 비타민제라고 말하지만 꿀과 로열 젤리 속의 풍부한 비타민군의 비밀은 실은 화분에 있었던 것이다. 화분에는 우리 몸에 포함되어 있는 16종의 미네랄 가운데 약 12종이 있다. 그리고 특히 많은 것은 칼륨과 동이다. 1cc의 벌꿀 속에 화분의 입자는 2천~60만 개(꿀이 좋은 것은 꿀 속에 화분이 있어 좋다), 같은 화분이라도 자연에서 존재하는 꽃의 화분을 먹는 것보다 꿀벌이 달고 온 황금빛 찬란한 황금의 화분을 먹는 것이 훨씬 효과적이다. 만약에 화분의 공급이 중단되면 여왕벌의 산란과 일벌의 육아가 중지되어 벌은 전멸하고 만다. 그것은 어린 벌이 로열 젤리의 분비를 중단하기 때문이다. 이처럼 꿀벌의 세계에 미치는 화분의 역할은 참으로 중대하며, 꿀과 로열 젤리의 생명의 요소이기도 하다. 성분도 200여 가지 인체에 필요한 16종의 미네랄 중 12종 함유되고, 비타민 C(콜레스톨 제거, 뼈의 건강과 조직 강화, 병의 회복 빠르게, 감기 예방, 피부를 좋게 한다 등)가 타 식품에 비해 월등히 많고 100g 중 섬유질 함량은 보리 2.6, 현미 1.3, 백미 0.4, 화분은 4.9g(섬유질이 없는 식사 장을 통과하는 시간 : 79.8시간이지만, 섬유질이 많은 식사 장을 통과하는 시간 : 35.7시간)으로 당뇨 환자나 류마티스(2년간 음용) 환자도 장기간 음용하면 치유

가능한 부작용이 없는 완전 무공해 식품으로 소아비만, 유아 빈혈에 뛰어난 효과 있고 노인에게는 다시 활력을 불어넣어 수명을 늘리며, 발육 불량인 어린이는 체중이 늘고 식욕이 증진된다. 여성에게는 빈혈을 방지하고 피부를 곱게 하고 기미를 없애 주며 피부의 노화를 느리게 하고 다시 젊게 해 주는 최고의 먹는 화장품이며 최고의 장수 식품이다. 체질 개선(산성에서 약알칼리성)과 체중조절(체중 늘리려면 : 식후 음용, 체중 줄이려면 : 식전 음용)이 가능하다. 허약하고 마른 사람에게 체중을 늘리는 효과와 비만증에 시달리는 사람의 체중을 늘리지 않으며 오히려 여러 가지 신진대사 작용을 촉진시켜 체중감량 치료에 매우 유용하다고 한다. 그리고 두통, 변비, 설사, 전립선염(시중 약국에 판매하는 전립선염 약의 주원료는 화분, 약사들이 잘 안다), 치질, 소아발육 부진, 불면증, 야뇨증, 시력장애, 빈혈, 조혈, 청혈, 소염, 세포 기능 강화 등 소화 기능 좋고 설사 및 변비는 5일, 장복하면 식중독도 걸리지 않는다. 특히 유충이 자라면서 골격형성에 절대적인 영양소로 어린이 성장발육에 도움을 주며 성인 골다공증에도 좋다. 꽃가루는 꿀보다 고단위 영양소(비타민 49-378배)가 들어 있다. 화분은 여성을 아름답게 할뿐 아니라 남성을 씩씩하게 해 준다. 그래서 스테미너란 언어가 화분(수술의 생식세포)에서 나온 것인지도 모른다. 흑해 연안 코카사스 산맥에 소련 연방 아브하쟈 공화국의 세계 최고의 장수촌에 100세 이상 건강한 노인이 많고 최고 장수자는 1974년 9월 2일 168세 3개월까지 살고, 그가 130세 때 74세 아래의(56세) 아내에게 얻은 딸이 현재 생존해 있다. 세계 학자들의 관심이 집중되고 연구결과 장수의 비결은 화분이었다. 성서에 "젖과 꿀이 흐르는 땅"은 잘못 번역한 것으로서 히브리어 성서 원본에 "젖과 벌통에서 생긴 물질"로 되어 있다. 긴 용어 번역 시 단어를 간단하게 하기 위해 벌통에서 생긴 물질을 꿀로 명명, 실상 그것은 전체적인 완전식품으로 하나님이 인간에게 주신 바로 화분이며, 이스라엘 민족이 광야에서 40년 동안 화분(만나)과 물만으로 건강을 유지할 수 있었던 것이다.

핀란드가 1968년 멕시코 올림픽에서 금메달 1개밖에 획득하지 못했지만 그 후 선수 훈련과정에서 꽃가루를 과즙이나 우유에 섞어서 먹는 방법을 실시한 후 72년 뮌헨 올림픽에서는 39개의 메달을 따게 되었다. 이 가운데 5천 미터 트랙 경주에서 우승한 바이렌 선수는 꽃가루를 특히 많이 애용한 선수였다는 것도 밝혀졌다. 꽃가루는 유충의 먹이이고, 출방 3-4일 된 유봉이 먹을 때는 로열 젤리를 만들어 낸다. 그래서 꽃가루는 로열 젤리의 원료인 것이다. 꽃가루는 10배, 20배를 먹어도 인체에는 부작용이 없다. 그러나 이것이 제약회사에서 제품이 되었을 때는 약이 된다. 그리고 용량을 지켜야 하는 것은 다른 첨가물이 들어 있기 때문이다. 경작지에서 생산된 것보다 미 경작지에서 생산된 것이 좋고 야지보다는 산지 것이 좋다. 1년생 식물보다 다년생 식물에서 생산된 것이 좋고 남부 지역에서 생산한 것보다 북부 지역에서 생산한 것이 좋다. 풍매화 꽃에서 생산한 것보다 충매화 꽃에서 생산한 것이 더 우수하다. 꽃가루가 같은 식물에서 생산되었다 하여도 기후와 풍토에 따라서도 효력이 다르며 사시사철 피어 있는 꽃에서 채취하는 것보다 긴 겨울의 휴면기를 거치고 개화한 꽃에서 채취한 꽃가루가 더 우수한

꿀벌과 함께하는 귀농 귀촌 아카시아꽃이 피었습니다

효력이 있다. 영국의 과학자이며 영양학자인 C.J 바인딩 박사는 이렇게 강조하고 있다. 화분은 가장 훌륭한 완전식품이다. 그리고 세균을 죽일 수 있는 거대한 살균제이다. 화분으로 건강을 다시 회복할 수 있다는 증거는 계속 발표되었다. 로열 젤리와 꿀이 기적적인 식품이라면 화분은 이것들보다 더 우수하며 벌의 세계에서 발견되는 가장 강력한 식품의 대표적인 물질이다. 화분은 체력과 스태미너를 만들어 줄 뿐만 아니라 강력한 살균력을 부여해 줌으로 감염에 대한 저항력도 증가시켜 준다고 했다. 이집트의 여왕 클레오파트라의 젊음과 아름다움의 비결이었던 꽃가루! 유럽을 주름잡던 바이킹족의 줄기찬 힘의 근원이었던 꽃가루! 아브하쟈 장수 마을의 생명력의 원천이었던 꽃가루! 꽃가루는 미용제, 정력제, 장수 식품으로 그 신비한 효능이 세계적으로 널리 알려진 명약이다.

현대의학은 꽃가루의 신비에 대해 오랫동안 연구한 결과 꽃가루에는 생존, 성장, 발육에 절대적으로 필요한 생명 물질이 존재한다는 사실을 밝혀냄으로써 그 효능을 입증하기에 이르렀다. 화분을 먹을 때는 매일 2-3회씩 매회 5g을 먹는 것이 좋고 위장에 들어가는 즉시 미음처럼 풀어지고 2시간 후면 체내에 흡수된다. 논밭이 황폐화되어 작물이 안 될 때 비료보다 썩은 퇴비가 최고이듯이, 우리 몸에 썩은 퇴비와 같은 역할을 하는 것이 바로 화분이다. 양봉 입문 초기 화분이 좋다는 것을 알고 1.2kg 한 병에 그 당시 25,000원에 판매를 했는데 한 병씩 판매할 때마다, 『꽃가루의 신비』 책을 서비스로 함께 주곤 했다. 효과를 본

고객은 화분이 많이 생산되는 것이 아니란 걸 알고 다음부터는 한 번 구입 할 때 1년 분량을 구입하니 매년 화분은 생산량의 한계로 많이 팔지 못했다. 또 교보문고에 갈 때마다 『꽃가루의 신비』 책을 몽땅 사서 나누어 주곤 했는데, 그때를 생각하면 화분에 대해 많은 사람들의 건강을 위해 알려야 한다는 나의 열정이 대단했다. 한때는 가격이 비싸 소비자가 구입하기가 쉽지 않았는데, 지금은 가격이 꿀보다 더 저렴하니, 1차 식품 중에 1차 식품이며 가성비가 최고인 화분, 이제 나도 꾸준히 먹어야겠다는 생각이 든다.

꿀벌이 만든 천연 밀랍의 효능

일벌로 태어나 생후 10-16일 사이 천연 밀랍 분비, 생후 10일 밀랍 분비샘이 복부에서 발달 즉 분비된 밀랍을 하나하나 모아서 육각형 벌집을 만들게 된다. 처음엔 투명하나 시간이 지나면서 연갈색, 진한 갈색으로 변하기도 한다. 천연 밀랍 크기는 대략 3mm 두께로 0.1mm, 즉 1g의 천연 밀랍 만들려면 1,100개의 분비 밀랍이 필요하다. 엄청난 노동 부하가 발생, 수명 단축의 원인이기도 하다.

밀랍 분비 환경조건은 내부온도 33-36도이며 식량이 풍부해야 하며, 밀랍 1kg 생산 위해 꿀 8kg을 먹어야 생산 가능하다. 따라서 벌집 꿀 생산 시 엄청난 꿀과 노동 부하를 감당하면서 생산해야 하므로 생산단가 올라가는 요인이 발생하는 것이다. 벌집 꿀은 일벌의 노동 부하를 감수하고 엄청난 양의 꿀을 소비하면서 생산하는 고급식품이다.

밀랍의 효능

밀랍 추출물 5-20mg을 복용할 경우, 총 콜레스테롤 수치가 17-19%까지 줄어들고 인체 유해한 저밀도 지단백질 약 25% 감소, 인체 유익한 고밀도 지단백질이 약 30% 증가하며 항고지혈증 효능도 있다. 또한 항산화 세포를 건강하게 하여 위염, 역류성 위염, 위궤양 등에 효과를 보인다. 밀랍은 풍부한 비타민 A를 함유하고 있기 때문이다. (밀랍 100g은 비타민 A를 4096IU나 함유하고 있다.)

sbs 다큐멘터리 「100세는 청년이다」(쿠바의 비밀 2015년 3월 18일 방영) 밀랍에서 추출한 분말이 콜레스테롤 강하 효능 확인 연구 결과가 발표됐다. 이는 저렴하며 독성 없어 향후 유용한 항고지혈증 약물로 사용될 전망이라는 연구는 미국 천연식품 회사인 하우저의 과학자들이 발표(쿠바의 과학자 임상연구 결과 자료 포함) 연구 결과 미국 보스턴에서 개최된 미국 화학회의 학술회의를 통해 소개되었다.

『동의보감』노봉방에는 해소, 천식 효능, 호흡기 질환, 기관지염, 천식 해소, 폐 질환, 기침, 소화 기관에 위염, 궤양, 변비, 장염, 신장염 등에 밀랍이 효과적이라 기록되어 있다. 그리고 본초강목에는 거풍공독 풍을 물리치고 독을 없애며, 산종, 지통, 종기를 없애고, 통증을 멎게 함(악성 부스럼에 발라 주면 좋다)이라는 기록이 있다. 탕약 편에는 경간 경기와 간질, 몹시 놀라 팔다리 떨리는 증세, 봉, 종, 등창과 종기, 유옹, 유방종기, 유선염 그리고 유방암 및 치통에 효과가 있다고 한다.

밀랍은 공예품, 화장품, 의약품의 원료가 되며 화장품으로 콜드크림, 립스틱, 로션 등을 만들고, 약용으로 고약, 연고, 환약의 코팅에 쓰이기도 하며 항생제에 넣으면 효과가 오래 지속된다. 인쇄용 잉크와 염료, 크레용의 원료이며, 여왕벌이 새끼를 한 번도 치지 않은 밀랍(버진 왁스)을 최고급으로 취급한다.

공업용으로는 방수제, 구두약, 가구, 가죽, 기계에 쓰이며, 껌, 운동기구와 악기의 고급스런 윤택을 내는 왁스에 쓰이는 고급재료이며, 과수나 특용 식물의 접목 부위에 바르면 접목이 잘 된다고 한다. 실에 밀랍을 입히기도 하는데, 특히 구두 수선하는 실과 활줄에 먹이기도 하며 최근엔 손수건이나 실크에 밀랍을 입혀 친환경 랩을 만들어 사용하는 것이 주부들 사이에 인기가 많고 유행이다.

밀랍 초를 태울 때 음이온 발생, 공기정화와 미세먼지 제거 효과 탁월하고, 탁한 공기를 정화하고 항염 항산화 작용으로 비염이나 천식 알레르기 반응을 진정시키는 데 도움을 주며 담배나 음식 냄새 제거 또 습기 제거가 탁월하고 불면증에도 좋다. 밀랍 특유의 천연향과 자연스러운 불빛이 심신 안정에 도움, 즉 토탈 테라피 효과뿐 아니라 인테리어 소품으로도 훌륭하다. 지금도 전국 각지에서 특히 강원도 지방에서는 떡을 만들 때 밀랍을 이용하는데, 떡에 밀랍을 바르면 맛도 좋지만 향도 좋고 변질도 안 되기 때문에 식품의 첨가제로 쓰이고 있다.

『동의보감』에는 밀랍도 상약으로 약도 되고 식품도 된다고 소개하고 있다.

물 중에 최고 좋은 물

물이 보약 중에 보약이다. 심장에는 암이 없다. 대한민국 사망률 원인 1위, 암! 위, 간, 폐, 췌장, 대장, 뇌는 물론이고, 눈, 혀, 식도 심지어 코에도 암이 있다. 그런데 심장에만 암이 없다. 왜 없을까 궁금한 일이다. 우리 몸이 알아서 없게 한 걸까? 심장에 암이 없는 이유를 네 가지로 나눠 보았다.

첫째, 산소가 풍부하다. 우리 몸의 생명 유지 시스템이 산소만큼은 심장부터 공급하기 때문이다.

둘째, 에너지가 넘친다. 우리 인체의 각 장기로 보낼 혈액을 돌리기 때문에 에너지가 넘친다.

셋째, 규칙적인 운동을 한다. 심장은 엄마 배 속에서 생명체로 태동될 때부터 뛰기 시작해서 나이 들어 죽을 때까지 계속해서 규칙적인 운동, 즉 박동을 한다. 70세 기준, 약 26억만 번 뛴다.

넷째, 물이 풍부하다. 우리 인체 약 7리터에 가까운 혈액을 돌리는 심장, 혈액의 93%가 물이기 때문이다.

암 환자들 중 물을 많이 마시지 않은 경우가 많다. 만약 당신이 물을 많이 안 마신 지 10년쯤이라면 암을 기다리시는 것과 같다. 사람 몸은 물, 음식, 공기로 되어 있다. 그래서 사람은 에너지를 얻고, 생명 시스템을 유지하기 위해 물, 음식, 공기를 몸에 넣는다. 이 세 가지 중 혈액, 영양소, 면역체계, 효소를 이동하는 것이 바로 물이다. 그것뿐이겠는가? 에너지 영양소, 탄수화물, 지방, 단백질 대사 후, 남은 찌꺼기도 물만이 밖으로 내보낸다.

하루에 물을 얼마를 마시고 있는가? 최소한 하루 2리터를 마셔야 한다. 현대인들은 술, 콜라, 커피는 마셔도 물은 잘 안 마신다. 오히려 악당 3총사는 몸에 있는 수분을 잡아 빼 버린다. 술을 마시면 소변이 나오는데 그것은 술이 아니다. 우리 몸속에 다른 용도로 준비되어 있던 물이 혈액농도 약 알칼리 7.3을 사수하기 위해 물을 동원해서 침입한 강산성을 씻어 내는 것이다. 눈물겹지 않은가? 우리 몸은 생명을 유지하기 위해 악전고투를 하고 있는데, 정작 주인이란 우리들은 계속 산성을 넣고 희희낙락하니 말이다.

머리 감는다고 매일 3-4리터의 물을 쓰면서, 지구 두 바퀴 반이나 도는 길이의 혈관을 씻어 내는데 고작 1리터만 섭취하고 있는 셈이다. 암이 무섭다 떠들다가 이제 생존율이 70% 가까이 가니 별로 안 무서운건지 모르겠지만 건강을 위해서는 물이 최고이다. 그러면 물 중에 최고 좋은 물은 어떤 물일까? 금붕어가 살고 있는 어항이나 분재 나무 화분에 끓여서 식힌 물을 주면 모두 죽어 버린다. 이러한 예로써도 생수와 끓인 물이 생화학적으로는 전혀 다르다는 것을 알 수 있다. 과학이 진보한 오늘날에도 생수를 만들 수는 없다.

증류수를 만들 수는 있지만. 인간은 단식을 하며 아무런 영양을 섭취하지 않아도 생수만 마시고 있으면 1개월도, 2개월도 살 수 있지만 생수를 완전히 끊으면 5일도 살 수 없다. 식사 중에 생수는 마셔도 좋다. 생수는 위액을 희석하지 않지만, 끓인 물은 위액을 희석한다. 영국 속담에 "물을 많이 먹으면 병치레도 안 하고 빚도 안 지며, 아내를 과부로 만들지 않는다."라는 말이 있다. 최고 좋은 물은 어떤 것일까? 아마 그중에 하나는 나무 뿌리를 통해서 올라온 것이 아닐까 생각한다. 식물이 성장을 위해 땅속 깊숙한 곳에서 빨아들인 물은 나무줄기를 따라 올라가면서, 고로쇠 물로, 또 수분이 50% 비중을 차지하는 꽃꿀(넥타)과 감로 꿀로, 물이라곤 할 수 없지만 수분이 거의 없는 봉교(프로폴리스 원료), 고로쇠 물을 30배 농축하면 감로 꿀이 되고, 꽃꿀과 봉교는 꿀벌이 수집하여 자연에서 얻을 수 있는 최고의 물질로 만들어진다.

겨울나기 포장 상자 개발

2003년으로 기억된다. 너무나 바쁜 일정에 매년 재래식으로 꿀벌의 겨울나기 포장을 하는 것은 많은 시간과 노력이 필요했다. 해마다 방앗간에서 왕겨를 구해 바닥에 비닐을 깔고 다시 벌통을 제자리에 놓고 왕겨로 채우고 포장하는 것이 여간 번거로운 일이 아니었다. 그땐 양봉협회 일로, 양봉원 일로, 벌침까지 놓았으니 눈코 뜰 새 없었다. 그래서 일손이 덜 가고 손쉽게 보다 효과적인 방법이 없을까 생각하며 동료 봉우와 토론을 하다가 문득 선배 양봉가님들에게 전해 들은 말이 머리에 스쳤다.

라면상자로 월동 포장을 하면 봄 벌이 좋고 월동이 잘 난다고 했다. 그때 개발한 것이 겨울나기 월동 보온 포장 상자다. 당시엔 감히 파주에서 아카시 꿀 생산 전 3단은 생각도 못 했는데, 남쪽에 내려가지 않고 자체 3단까지 올렸으니 정말 대단한 포장 상자의 위력이자 보온상자를 이용함으로 나타난 효과였다. '그래 바로 이거야! 전국 양봉 농가에 보급하자!' 마음먹고 저렴한 가격으로 판매한 기억이 난다. 월동 포장 상자를 특허청에 등록하고 등록번호까지 인쇄하여 제작하였다.

그렇게 전국 꿀벌 농가에 보급하다가 지금은 강원도 춘천 양봉원에 2017년 자재 판매권과 양봉 기자재를 넘기면서 월동 포장 상자 판매권도 넘겨 주었다.

게으른 농부의 꿀벌 포장

2003년 12월 꿀벌사랑 동호회 카페에 올린 글이다.

두 달에 걸쳐 월동 포장과 봄벌 포장을 마쳤다(11. 30-12. 1). 그동안 봉산물 홍보와 판매행사로 미루어 오다가, 진드기약(속살만) 처리(간혹 있는 봉 판은 빼내고)로 진드기를 확인 사살한 후, 직접 개발한 월동 및 봄 벌 육성용 상자를 이용하여 작업을 마치고 이제 남은 건 소비, 소상, 기구소독 등 봉장 정리만 하면 내년 봄 첫 내검 할 때까지 편안한 마음으로 꿀벌과 함께 월동할 수 있을 것 같다.

늘 포장할 때마다 느끼지만 하나같이 포장 후 봉구가 중심부에 형성이 된다는 것이다. 내년 봄 첫 내검 시 뚜껑을 열고 대용 화분만 주면 되니 그야말로 게으른 농부의 꿀벌 치기가 아닌가. 또 금년엔 말벌 차단망으로 피해가 전무했으니 꿀벌 치기 14년 만에 경험하는 실질적인 경제적인 꿀벌 관리를 하게 되었다.

이상 답글을 단 몇 분 봉우님의 글을 소개해 보고자 한다.

A 봉우님 : 월동 포장을 잘하신 모양인데 어떻게 하였는지 상세히 알려 주시면 감사하겠습니다. 해마다 하는 일인데도 마음대로 되지 않더군요.

홍익꿀벌(나) : 봉우님, 포장 상자는 소비 6매가 넉넉하게 들어갈 정도로 소상에 맞게 제작했고 소문과 상단을 제외한 4면과 바닥은 바람 한 점 들어가지 않게 테이프로 붙이고 습기가 염려될 것 같지만 골판지가 습기를 흡수하여 월동과 봄 벌 포장이 쉽고 용이했습니다. 봄 벌 5매 정도 육성한 다음 통갈이 대신 포장 상자를 제거하면 됩니다.

B 봉우님 : 말벌 차단망으로 어떤 재료를 쓰셨나요? 피해가 없었다니 다행이네요. 가로세로 1센티미터 구멍 크기의 그물을 목포 그물 가게에서 구입하여 몇 년 전부터 사용해 오고 있는데 말벌 피해가 전혀 없습니다. 그리고 대용 화분은 봉 군당 얼마나 주시나요?

홍익꿀벌(나) : 봉우님, 철망 구멍이 작으면 일벌 출입이 자유롭지 못하고 고기 망으로는 구멍 크기가 일정하지 않아 몰림 현상이 있더군요. 닭장 철망은 구멍 크기가 일정하여 일벌 출입이 자유롭고, 말벌이 들어가려면 날개를 접고 들어가야 합니다. 그래서 쉽게 들어갈 수 없으며 들어간다 하더라도 말벌 한 마리는 꿀벌이 방어가 가능하구요. 첫 내검 일은 지역, 세력, 식량 등 조건에 따라 다르지요. 제 경우는 충분히 식량을 주고 대체적으로 늦게 하는 편입니다. 첫 내검부터는 정성이 필요하므로 시간을 투자해야 하니까요, 봄 벌 육아 시 수입 자연 화분 군당 1.5-2kg이며 여름부터 가을까지가 화분이 더 많이 들어갑니다. 제 경험입니다.

B 봉우님 : 유익한 정보 감사합니다. 저는 첫 내검은 보통 2.8일경으로 잡고 있습니다. 화분은 2.25일경부터 진달래꽃 필 때까지 미숫가루를 빈 벌통에 넣어 놓으면 벌들이 가져가게 했는데 내년부터는 자연 화분도 같이 넣어 주어야겠습니다.

무려 20년 전 댓글로 주고받은 글이다.

꿀벌 입문 성공의 열쇠

"올 초 이상 기후 영향으로 국내에서 약 78억 마리의 꿀벌이 사라지는 등 기후 위기로 인한 생물 다양성 훼손이 분명해지고 있다. 또 전 세계 영양분의 90%를 공급하는 100대 식량 작물 중 70여 종이 꿀벌에 의해 수분된다."라며 그린피스는 꿀벌을 살리기 위해 탄소 중립 달성과 생물 다양성 보존을 위해 최선을 다하겠다고 한다.

그런데 12월 월동에 들어간 전국의 꿀벌 농가들의 사라진 꿀벌 실종 현실, 그 심각성은 올봄과 비교도 안 될 정도로 피해가 크다며 내년 벌꿀 생산 어려움에 걱정이 이만저만이 아니다.

꿀벌 실종의 원인은 다양하다. 지구 온난화, 환경오염, 산림이나 과수 등 농작물의 무분별한 농약 사용, 각종 해충(말벌, 등검은말벌, 거미, 두꺼비 등), 꿀벌 질병에 사용되는 약의 오남용으로 내성이 생김, 무분별한 개발로 밀원식물 부족 현상, 양봉 농가의 사태 심각성 인식

부족과 꿀벌 사양 관리 미흡 등 다양한 요인으로 발생되는 것처럼 보이지만, 이미 오래전부터 이러한 장애 요인들은 차이는 다르지만, 지금껏 장애 요인들을 경험하면서 꿀벌을 사육해 왔다.

그렇다면 가장 크게 작용하는 것은 역시 진드기 피해이며, 꿀벌 집에 서식하는 진드기를 구제하지 못한다면 꿀벌이 사라지는 현상을 해결하지 못하고 영원히 요원할 것이다.

나는 꿀벌이 사라지는 현상을 25년 전 경험했다. 그 당시 원인은 역시 진드기 피해였다. 진드기는 습한 곳에서 많이 발생하는데 올해는 특히나 장마가 길고 비가 자주 와, 진드기가 발생할 수 있는 서식 환경이었다. 긴 장마나 비로 진드기 구제에 어려움을 겪은 양봉 농가는 피해가 더 많이 발생하고, 몇십 년의 경험을 가진 농가도 약의 내성을 지닌 진드기를 오랜 기간 동안 해 온 방식대로 안일하게 처리하지 않았나 생각된다. 진드기약 개발은 시장에 많은 제품이 나오는데 진드기는 더 극성을 부린다.

정말이지 아이러니한 일이다. 그럼에도 불구하고 진드기 구제를 잘하여 피해를 보지 않고 월동에 잘 들어간 농가들도 많이 있다. 늘 그래 왔듯이 농가나 입문하는 봉우에게 강조한 것은 성공의 첫걸음은 진드기만 잘 잡으면 80%는 성공이라고 강조했다. 아무리 친환경 진드기 구제약이라 해도 꿀벌에게 피해를 주며 산란에 영향을 받는다. 그래서 피해를 최소화하며 친환경 약제를 적기에 적절하게 사용한다면 진드기에 의한 꿀벌 실종사건 발생을 줄이거나 예방할 수 있다.

꿀벌이 사라진다

유기 양봉의 대가이신 조유태 님은 자신이 운영하는 카페에 "꿀벌 유기 양봉" 2008년 이렇게 강조했다. 항생제, 화학 살충제 사용하지 않고 유기 양봉만이 꿀벌이 사라지는 현상을 최소화할 수 있다고, 자신이 가지고 있는 지식이 사장되는 것이 너무 안타까워 자신의 의견에 반대하는 분들에게 욕을 먹으면서까지 꿀벌 치는 봉우들에게 도움을 주기 위해 유기 양봉 완성을 위해 강조하고 또 강조한 바 있다.

내성을 가진 응애류의 치료 구제 방법은 개미산밖에 구제되지 않는다고 강조하고, 개미산은 1년 내내 사용해도 되지만 옥살산은 계속 사용하면 여왕벌이 산란을 기피한다고 했다. 4-9월까지는 개미산을 사용하고 옥살산은 10-3월까지만 사용하면 아주 효과적으로 방제할 수 있다. 바이러스는 치료 약이 없으며 자연치유력이 필요하다.

바이러스는 꿀벌 몸에 잠재해 있다가 어느 순간 스트레스(환경)가 (응애 만연, 봉군 소란, 영양부족 등) 누적되면 발병하게 되는데, 응애 구제를 잘하면 바이러스 피해를 입을 일이 없다. (벌이 사라지는 현상은 기형 날개 바이러스 때문). 전 세계 양봉 역사를 통틀어 길이 빛날 위대한 논문은 3가지를 꼽으라면, 개미산 단기 처리법, 벌의 바이러스 감염경로, 랜디 올리버의 과학적 양봉 사이트다. 이 세 가지 모두 주옥같은 논문들이다. 현미경으로 바이러스 검사만 할 뿐 랜디 올리버와 같은 벌 생물학자가 우리나라에 없는 이상 이번 사건을 속 시원하게 말해 줄 사람은 아무도 없다.

그분을 만날 수는 없지만 세계 양봉사에 빛나는 위대한 논문을 통해서 바이러스가 어떻게 전염되는지는 알 수가 있다. 유기 양봉의 조유태 님은 뒤늦게 벌 뇌의 버섯 모양체 그림 파일을 구했다고 말하면서, 기형날개 바이러스(DWV)가 뇌의 버섯 모양체에 복제를 하여, 신경 신호 전달을 감소시켜 뇌 손상으로 인하여 방향 감각을 잃은 벌들이 벌통으로 정확하게 돌아오지 못해서 벌들이 사라지는 것이라고 말한다.

최근 스위스 연구진은 남극을 제외한 전 세계 모든 대륙 198개국에서 생산된 꿀 샘플을 검사했다. 샘플 가운데 75%가 '네오니코노이드계 살충제' 성분을 최소 1종 이상 함유한 것으로 나타났다. 네오니코티노이드계 살충제는 꿀벌의 뇌에 영향을 미친다. 신경계를 교란해 꿀벌의 생존에 필수적인 산란과 귀소를 방해한다. 애벌레는 10ppb(1ppb=1/10억) 수준으로 희석된 살충제에도 심각한 영향을 받는다.

한때 미국 전역에서 네오니코티노이드계 살충제에 의해 꿀벌 240억 마리가 떼죽음을 당해 양봉 농가들이 기르던 꿀벌의 최소 30%, 최대 90%가 폐사했다는 사실이 보고된 적도 있다. 개미산 응애 구제 처리는 그동안 해 온 농가도 있고 또 쉽게 접근하지 못하여 경험이 없는 농가도 있으리라 본다. 우리 봉우님들이 그간 관행적으로 하던 진드기 구제방법과 문제점을 꿀벌이 사라지는 현시점이 가장 중요한 시기라고 본다. 대부분의 피해 농가는 초보자보다 오히려 경력이 많은 대군 농가들이라는 것이 더 충격이다.

정부나 진흥청의 발표도 기존의 플루바이네이트 계열 약제 85% 이상의 꿀벌이 내성을 가지고 있다고 말하고 있다. 지금까지는 손쉽게 사용 가능한 약제들(화학적 살충제)을 진드기를 구제하는데 이용하고 또 약제 생산 업자들의 경제적 이익만을 생각해 관련 기관과 긴밀히 협조하면서 손쉽게, 정보에 어두운 양봉 농가를 상대로 판매하여 이익을 취해 왔지만, 이 또한 정부와 업자만을 탓하기보다는 우리 봉우님들이 보다 더 적극적으로 더 많은 정보를 알고 공유함으로 지금의 심각한 위기를 극복해 나아가야 한다고 생각한다.

전 세계 천연 꿀 수출 1위를 자랑하는 뉴질랜드나 꿀벌 1통을 키워도 정부에 신고해야 하는 체코 등 꿀벌 선진국처럼, 꿀벌이 살아가기에 적합한 환경을 우리 함께 조성해 나아갈 때 자연과 더불어 인간은 꿀벌과 함께 영원할 것이다.

꿀벌이 다른 곤충보다 존경받는 까닭은 부지런해서가 아니라 남을 위해 일하기 때문인데 우리 인간들은, 꿀벌의 위대하고 고귀한 생을 얼마나 알고 이해할 수 있을까? 낭충봉아 부패병으로 90% 이상 동양종 꿀벌을 잃고 또다시 꿀벌 바이러스로 인한 진드기 피해로 서양종마저 사라진다면 상상도 하기 싫다.

더 꿀벌이 사라지는 현상을 1차적으론 우리 양봉인의 책임이 가장 크지만, 꿀벌의 생존은 일류의 생존과 지구촌 환경과 직결되는 만큼 정부와 국민 모두가 아니, 온 인류가 동참하여 극복하고, 더 이상 발생하지 않기를 간절하게 바라본다.

사랑하는 꿀벌을 이렇게 키워라

"게으른 농부의 꿀벌 치기"란 제목으로 가끔 꿀벌 카페나 밴드에 글을 올리곤 하는데 그중에 몇 가지 소개하고자 한다.

1. 봄 : 석양을 보게 하라.
   (최대한 햇빛을 많이 받게, 낙봉 없이 봄 벌을 키울 수 있다)
2. 여름 : 그늘지게 하라.
   (무더운 여름에도 산란을 유도하여 강군으로 육성)
3. 가을 : 춥게 하라.
   (9월 말-10월 초순 춥게 하여 산란 중지시켜야 한다.
   여의치 않으면 왕을 격리시킨다)
4. 겨울 : 복지부동하라.
   (겨울엔 춥고 그늘지게 하여 꿀벌의 움직임을 최소화하라.
   식량 소비를 줄이고 꿀벌의 수명을 길게)

꿀벌의 질병은 응애류 진드기로 인한 꿀벌의 피해가 가장 크지만, 어찌 이것뿐이랴. 우리가 익히 알고 있는 대표적인 질병이 석고와 부저병 그리고 노제마병 등이 있다. 이러한 질병에 오염되면 이 또한 꿀벌에 치명적인 타격으로 꿀벌이 사라지는 것이 아니라, 제대로 성장을 하지 못하고 유충에서 부패하거나 석고가 되어 자라지 못하고 결국에 꿀벌의 군세가 약하게 되어 종국에는 소멸한다.

특히 초보 양봉인은 이러한 질병의 치료를 어려워하면서 시중의 온

갖 약제를 총동원하여 치료하지만, 노력과 약제 구입비의 지출만큼 효과를 보지 못하고 전전긍긍하는 것이 현실이다.

그런데 이러한 질병은 예방이 가장 중요하고, 또 발병했다 하더라도 양질의 먹이 공급(식량과 대용 화분)과 꿀벌을 강하게 착봉함으로 치료가 가능하기 때문에, 경제적 부담이 되는 약제사용은 절대 권장하지 않는다. 그래도 회복되지 않으면 소각하여 다른 봉군으로 오염되거나 전염을 사전에 예방하는 것이 경제적인 관리 방법이다. 초보 양봉인들이 산란을 많이 받고 소비 숫자를 늘리는 것은 봉우님의 욕심일 뿐 수명을 단축하여 약군으로 가는 실패의 지름길이다. 강하게 착봉한 꿀벌은 수명도 길다.

꿀에 욕심을 내어 채밀만 하고 꿀벌의 먹이를 남겨 두지 않으면 영락없이 찾아오는 질병인데, 꿀벌은 식량이 많이 있다고 하루 네 끼 먹지 않는다. 충분한 양질의 식량이 항시 저장되어 있을 때 스트레스도 받지 않고 안정되게 육아에 전념할 수 있다. 그래서 봄, 여름, 가을, 겨울 언제나 식량은 충분히 있어야 한다. 그래서 석고와 부저, 노제마병은 늘 강하게 착봉시키고 양질의 먹이가 충분하면, 질병에 걸리라고 고사를 지내도 걸리지 않는다. 물론 약 또한 구입할 필요도 없다, 경제적인 부담과 시간을 절약할 수 있으니 그야말로 게으른 농부의 꿀벌 치기가 아닌가?

문제는 진드기 구제다. 아무리 친환경 약제라 해도 꿀벌에게 주는 피해의 강도는 다를 수 있지만 어떤 형태로든 피해가 가기 때문에 약제를 사용하지 않는 것이 꿀벌에 좋은데, 응애류 구제는 피할 수 없다. 구제 방법으로는 최소한의 방법으로 적기 적소에 해야 하며 그 시기는 유밀기인 봉산물 생산 시기와, 봉군 세력 확장을 위해 절대적인 산란 받기를 위해 두 시기를 피해야 하는데, 그때가 바로 연 2회 장마철과 월동 직전이다. 특히나 장마철엔 봉우님들이 봉산물 생산이 끝나고 또 장마철이라 꿀벌 돌보기를 게을리 하기 쉬운 계절이다. 하지만 장마철은 응애류 구제에 가장 중요한 시기이며 이때는 어떠한 경우라도 진드기와 전쟁을 치러야 한다.

이때 진드기를 70-80% 구제해야 하며, 나머지 구제는, 월동 전 포장하기 직전 남은 20-30% 진드기를 확인사살로 99% 구제를 하여야 한다. 쉽지 않은 방법이지만 이 시기를 놓치지 않고 실행한다면 꿀벌 치기는 꼭 성공한다. 두 번의 시기를 만약 놓쳤다면 이른 봄 대용 화분 떡주기 전에 봉판이 있다면 모두 제거하면 된다. 이른 봄엔 어떠한 약제라도 가급적 사용하지 않는 것이 꿀벌의 수명과 여왕벌의 산란에 지장을 주지 않는다. 만약 이 모든 시기를 놓치면 실패를 피할 수 없다.

이 모든 것이 꿀벌을 사랑하는 마음과 열정이 가득할 때 가능하다. 영원히 정년 없는 일터로 꿀벌과 함께할 수 있으니 명심 또 명심해야 할 것이다.

벌꿀 생산과 노령 유휴인력의 연계성

어른들은 은퇴가 없고 죽을 때까지 자기가 좋아서 하는 일을 하며 삶을 만끽하게 된다면 이보다 더 행복한 일이 있을까? 노인이 일하는 건 정신과 육체 건강을 위해 매우 중요하다. 고로 노령 노동은 고통이 아니라 삶의 보람이 된다. 자연과 더불어 정년 후 제2의 직업으로 정착이 가능하고, 수명연장으로 세계 최고의 고령화 진입 현실에 대한 대비, 자연과 건강 실버 세대의 건강한 삶과 자녀로부터 경제적 해방이 가능한 일터가 아닌가 생각한다. 꿀벌 사양 관리는 신체적 제약이 극복 가능한 직업이며, 경제적 부담이 없는 최소 자금으로 입문이 가능하고, 정년 후 혹은 노약자의 최대 관심사인 건강까지 해결됨으로 100세 시대 정년의 두려움에서 완전 해방이다.

꽃을 헤치지 않고 자연을 살리는 너무나 친환경적인 산업이다. 이뿐이랴? 자녀들에게 부모 부양 부담을 줄여 주고 고령이면서 국가 경제에 도움을 주는 자부심, 봉산물 생산으로 건강식품 구매 및 지출 의존도에서 벗어날 수 있고, 노약자 건강증진으로 병원, 약국 등의 의료비 부담을 낮출 수 있고, 만약 벌침까지 이용한다면 질병 치료 효과도 볼 수 있다. 그리고 꿀벌 화분 매개로 2차 산업 활성화에 도움을 주고, 전 국토 산림녹화로 꽃과 꿀이 흐르는 아름다운 강산을 내 손으로 가꾸니 이 얼마나 좋은 제2의 정년 없는 직업인가!

30년 전 법원리에 사셨던 오래전 작고하신 한 봉우님은 초리골 저수

꿀벌과 함께하는 귀농 귀촌 아카시아꽃이 피었습니다

지 밑에서 벌을 치셨는데, 재미있는 말씀을 해 주셨다. 명절이면 아들 딸들이 손주들을 데리고 집으로 오는데 그때 부모님께 드리는 용돈 즉 봉투 두께에 따라 꿀의 양이 달라지며, 손주들에게 용돈까지도 넉넉하게 준다고 말씀하신 기억이 아직도 생생하다. 많은 세월이 지난 지금 많은 봉우님들이 고령으로 돌아가시고, 칠순을 넘긴 나로서도 당시 선배 양봉인들의 이야기가 현실로 다가와 피부로 느끼면서 살아가고 있다. 자녀들이 대학을 나오고도 직장을 못 구하면 본인만 불행해지는 것이 아니다. 자녀 교육비로 여유자금을 모두 털어 넣은 부모들의 노후 생활이 완전히 거덜 난다. 이런 도박 같은 일을 한국의 부모들은 눈을 딱 감고 감행하고 있다. 맹목적인 자녀 사랑 때문이다. 샐러리맨들이 직장 생활을 하면서 평생 벌어들이는 돈은 뻔하다. 나이별, 학력별, 임금 통계를 정리해 놓은 노동부의 임금구조 기본통계조사 자료를 보면 답이 나와 있다. 이러한 현실을 볼 때 정년 후 제2의 직업으로 자녀들로부터 경제적 도움 없이 자유로울 수 있는 직업이 바로 꿀벌과의 만남이라고 나는 자신 있게 말할 수 있다.

"멈추는 자 나이 관계없이 늙은 사람이고,
끊임없이 배우는 자 나이 관계없이 젊은 사람이 아니던가"

제3부

파주양봉영농조합이
일하는 방식

파주양봉영농조합이 꿀을 생산하는 법

자연 벌꿀 생산을 위해 조합원들에게 늘 아래 사항을 강조하며 생산한 꿀을 납품받는다.

꿀벌의 먹이(사양액)는 꼭 필요한 시기, 이른 봄 꿀벌 육성 시기와 여름 장마철, 그리고 가을 월동 먹이 등 꼭 필요한 양만 주며, 사양 꿀은 절대 천연 꿀과 혼입하여 생산하지 않는다.

꿀벌 사육에 필요한 기구 및 채밀 도구는 친환경 소재를 이용하며, 채밀 시 꿀벌의 피해를 최소화한다.

주 밀원식물의 꿀을 생산하기 전 반드시 정리 채밀을 한다.

주 밀원식물의 꿀을 생산하기 1개월 전부터 각종 질병 약은 사용하지 않고 친환경 치료 약도 사용하지 않는다. 부득이 친환경 약을 사용했다면 벌꿀을 생산하지 않는다.

채밀한 꿀에는 항생제 검출이 되어서는 안 된다.

탄소동위원소는 -23.5 이하여야 한다.

수분은 20% 이하만 생산하되 천재지변으로 부득이한 경우에는 25%를 넘어서는 안 된다.

생산된 벌꿀은 사단법인 한국양봉협회 검사실에 의뢰하여 기본검사

12가지, 잔류물질(항생제)검사 18가지를 검사하여 적합한 꿀만 납품한다.

1. 기본검사 12가지
가. 성상 : 적합
나. 수분 : 20.0% 이하
다. 불용물 : 0.5% 이하
라. 전화당 : 60.0% 이상
마. 자당 : 70.0 이하
바. 산도 : 40.0mep/kg 이하
사. 인공 감미료 : 불검출
아. 히드록시메틸푸르푸랄(HMF) : 80.0mg/kg 이하
자. 타르색소 : 불검출
차. 이성화당 : 음성
카. 탄소동위원소비 : -23.5 이하(야생화 꿀 포함)
타. F/G : 1:15

2. 잔류물질(항생제) 18가지
클로람페니콜 : 불검출
니트로 푸란 : 불검출
설폰아마이드 : 30.0 이하
메크로라이드 : 30.0 이하

베타락탐 : *30.0* 이하

네오마이신 : *100.0* 이하

스트렙토마이신 : *100.0* 이하

옥시테트라싸이클린 : *300.0* 이하

브로모프로필레이트 : *50.0* 이하

시미아졸 : *50.0* 이하

코마포스 : *100.0* 이하

아미트라즈 : *200.0* 이하

시미아졸 : *50.0* 이하

코마포스 : *100.0* 이하

아미트라즈 : *200.0* 이하

플루발리네이트 : *50.0* 이하

플루메쓰린 : *10.0* 이하

그러이아노톡신111 : 불검출

파주연천 양봉 축산계 발족

오래전 무작정 꿀벌이 좋아 21년의 직장을 그만두고 양봉을 제2의 직업으로 생각했을 때 비록 고향이 아닌 객지지만, 비빌 언덕은 있어야 겠다고 생각하고 파주축협에 축산인으로 등록하기 위해 본점에 찾아가 상의를 했었다. 당시 담당 직원이 "축협은 소, 돼지, 닭, 위주로 운영되기 때문에 양봉은 조합원으로 가입은 할 수는 있지만 별다른 혜택은 없다."라며 달갑지 않게 얘기하길래, 내키지 않아 그냥 돌아왔다. 돌아와 곰곰이 생각하니 양봉 후계자의 길도 나이 때문에 안 되고, 혜택은 없더라도 축협 조합원으로 가입해야겠다고 마음을 먹고 다시 찾아가 50만 원 출자금을 내고 가입했는데 그때가 1997년 10월 29일이다. 가입하고 보니 파주축협에 양봉조합원은 나 혼자였다.

이후에 축협 지도계에 알아보니 타 축종으로 가입하여 양봉으로 전환된 봉우들이 더 있었다. 당시 축협에서는 조합원 출자금이 연 10% 고액배당, 한 사람이 5천만 원까지 가능, 부부가 가입하면 1억 원까지 된다고 해서 가족도 함께 가입하여 부부 조합원으로 활동했다. 특히 축협에서는 창립일 명절 등 선물을 타 조합원이 부러워할 만큼 선물을 많이 주었는데, 부부가 함께 조합원이니 받는 선물은 타 조합원의 두 배로 혜택을 많이 받았다. 지금은 조합법이 바뀌어 나 혼자지만 혜택이 정말로 많았다.

그래서 파주에 많은 봉우들이 함께 혜택을 받아야겠다고 생각하고 그때부터 파주축협의 조합원으로 가입할 것을 홍보했다. 한번은 아카시 꿀 수확을 끝내고 봉우님들과 풍밀을 자축하는 야유회에서 61개 농가의 90여 명이 참석한 자리에 각계각층의 인사를 초청하여 함께 파주축협에 가입하면 어떤 혜택이 주어지는지 구체적으로 홍보하기도 했다.

지금은 연천 축협을 합병하여 파주연천축협으로 발전, 양봉조합원도 164명 정도로 크게 늘었지만 예상컨대 앞으로 300명까지 조합원으로 가입, 당당하게 축협에서의 양봉의 입지를 다지지 않을까 예상한다. 당시만 해도 축협에서의 양봉의 입지는 매우 열악했다. 먼저 시작한 것이 벌침을 이용한 소 돼지의 가축질병 치료 예방으로 축산인의 벌침 교육 참여와 돼지 농가에 벌침용 꿀벌 보급사업 시행이었다. 이를 계기로 가축에서 꿀벌 농가로 전환한 일부 농가도 있다. 두 번째 사업으로는 시군 축협 매장에 양봉산물 판매대 설치로 양봉 농가 판로 확대이다. 이를 통해 실질적 농가 소득증대로 이어지기도 했다. 이어서 축협에서 밀원식물을 심는 행사를 축협과 양봉조합원들과 함께 식목 행사를 하기도 했다.

개인 사정으로 미루어 오다가 드디어 2012년 2월 파주연천축협 양봉축산계(조합원 50명 이상 가능)를 발족하며 축산인으로서 지역 축협과 우리 양봉 농가가 더욱 관계를 공고히 하는 계기를 마련하게 되었다. 그리고 축협에 건의하고 한국 양봉 조합장에게 건의하여 2018년 11월 20일 양봉 기자재 공급에 관한 업무 협약식을 한국양봉농협과 맺으며 파주연천축협에서 양봉 기자재를 판매까지 하게 되었고, 이를 계기로 파주연천축협을 시작으로 전국으로 농축협의 기자재 판매 사업이 확대되는 시발점이 되었다. 때문에 전국의 양봉 농가 기자재 구입 가격이 안정화되었고 손쉽게 구매할 수 있는 계기를 마련하는 디딤돌이 되었으니 너무나 자랑스러운 일이 아닐 수 없다.

축산인들은 해를 거듭할수록 가축의 질병으로 힘들고 어려움이 이만저만이 아니다. 또한 환경오염의 주범이란 오명을 벗기란 쉽지가 않다. 최근엔 양봉 또한 꿀벌이 사라지는 현상과 이상 기후로 생산에 어려움을 더하여 힘들긴 마찬가지인 것 같다. 그래서 지역마다 축협조합의 존립마저 위협을 느낀다. 다행스럽게도 양봉 조합원은 타 축종에 비해 늘어나는 추세라 그나마 다행스런 일이 아닐 수 없다.

각 지역 시군별 축산업 협동조합은 축산인의 권리와 이익을 도모하고, 지역발전의 발판으로 지금까지 큰 역할을 담당하는 아주 중요하면서 꼭 필요한 조합으로, 지역 경제발전을 선도한 축산인의 단체로 자리매김해 왔다. 지역마다 축협은 단위농협과 달리 제정이 탄탄하여 조합원 그리고 시민들에게 각종 환원 사업 그리고 지역 경제발전을 위한 각 분야에 지원을 아낌없이 나누며 더불어 성장해 왔다.

하지만 미래에 닥칠 축협의 어려움과 한계를 누구나 공감하는 이 시점에서, 그동안 열악한 조건에서 언제나 관심 밖의 축종으로 사랑을 받지 못했지만, 이제 우리 양봉인들은 축소되고 작아져 가는 축협을 우리 양봉인들이 중심이 되어 지역 경제도 살리고, 환경오염의 누명도 벗고, 새롭게 도약하는 축산업 협동조합으로 꿀벌과 더불어 힘차게 날아올라야 하지 않겠는가! 꿀벌과 함께하는 우리 양봉인은 축협의 조합원으로 자격이 차고 넘치니 말이다.

축협, 이대로는 위험하다

지금의 축산업은 특히 우리나라의 축산업은 심각하다. 기후의 변화와 위기 상황 그 중심이 되고 있는 온실가스, 그리고 이와 함께 대두되고 있는 공장식 축산의 문제점. 전 세계 온실가스 배출량 중 교통수단이 13%, 축산업이 51%다. 교통수단에서 발생하는 영향보다 크게 웃도는 수치이다. 축산분야는 단지 먹거리에 대한 것이 아니라 대기 오염, 기후변화, 토양, 수질 및 생물 다양성 등 사실상 환경의 모든 측면에 상당한 영향을 미치고 있다. 공장에서 제품을 대량으로 생산하듯 가축을 제한된 공간에서 규격화된 사양 관리 시스템에 따라 대량 생산하는 것이 좁은 국토를 가진 우리나라의 현실이다. 자연 수명이 30년이었던 닭은 밀집형 가축사육시설에서 가두어진 채로 수명과 다르게 키워져, 한 달 안 되어 몸집이 불려져 도살되고, 산란계로 분류된 암탉은 A4 용지 크기도 되지 않는 케이지에서 평생 알을 낳으며 뼈 질환과 스트레스에 시달리고, 수평아리는 동물성 사료로 사용된다.

가축들이 먹을 사료를 생산하기 위해선 막대한 양의 비료, 연료, 살충제, 물, 그리고 토지가 필요하다. 세계적으로 가축을 기르고 사료를 재배하기 위해 많은 산림을 파괴하고 있다. 한 예로 파괴된 아마존 산림의 70%는 소를 키우기 위한 목장을 만들기 위해서였다고 한다(유엔 농업 식량 기구 FAO의 축산업의 긴 그림자에서 발췌). 산림을 태우면서 발생하는 메탄가스를 이산화탄소의 25배와 온실가스를 저장하는 능력을 잃어 가며, 사람의 필요에 의해 강제된 또 다른 탄소 배출원이 되어 가고 있다.

1년 동안에 생산되는 곡물의 총량에 사람이 직접 먹는 것은 20%이고, 80%가 사료로 쓰이고 있다. 1kg의 고기를 생산하기 위해서는 13kg 곡식과 물은 소의 경우 15,000L, 돼지고기는 6,000L다. 농장 가축은 굶

꿀벌과 함께하는 귀농 귀촌 아카시아꽃이 피었습니다

어 죽는 일이 없지만, 기아로 인해 2.3초에 1명꼴로 아이들이 죽어 가고 있다. 정말 심각하다. 온실가스 배출량 세계 7위가 우리나라다. 우리 함께 풀어야 할 어려운 숙제이고 지구촌이 심각하게 고민해야 할 문제이다.

대안으로 선진국에선 환경오염에서 자유로운 세포 증식을 통해 공장 실험실에서 365일 안전하고 신선한 고기를 만들어 내고 이미 성공하여, 소량이지만 시판한다고 한다. 아인슈타인의 말이 생각난다. "꿀벌이 사라지면 인류도 4년밖에 살지 못한다." 지금 지구촌에서 살고 있는 우리는 더 이상의 환경오염을 막고, 깨끗한 지구에서 고통 없이 살아갈 수 있는 환경을 후손들에게 물려줘야 한다고 감히 말하고 싶다.

양봉협회에서 참여했던 이벤트들

　매년 11월 11일은 농업인의 날이다. 이날은 경기도에 있는 진흥청 앞 마당에서 전국 각지에서 생산된 농축산물을 전시, 판매, 홍보하는 축제가 열리고, 나는 경기도 사이버연구회 이사 자격으로 양봉산물을 준비해 참석했다. 전국 사이버연구회 회원들의 주로 색다른 채소를 출품했는데 나는 양봉산물의 모든 것, 특히 25종의 꿀을 준비해서 진열했다.

　예상했던 대로 양봉 부분은 양봉협회와 업체를 대표해 꽃샘이 참석했다. 진열을 마치고 양봉협회 관계자로 참석한 양봉산물 검사실 손재형 소장을 만나 인사를 나누고, 내가 진열한 양봉산물을 보고 나에게 부탁을 한다. 오늘 대통령도 오시는데 양봉은 협회를 대신해 꽃샘이 왔으니 준비한 25종의 꿀을 꽃샘 부스에 진열할 수 있도록 허락해 달라고 말이다.

　나로서는 사이버연구회 부스에서 채소와 같이 있는 것보다, 양봉산물을 홍보하고 축제의 분위기를 살리는 것이 맞다 판단하고, 25종의 전국에서 생산된 꿀 샘플을 기꺼이 꽃샘 부스에 진열하였다. 행사 후에는 25종의 꿀을 양봉협회에 무상으로 기부하여 후일 TV 프로그램에서 다양한 꿀에 대해 다루는 데 도움이 되기도 했다.

경기 사이버 장터

지금은 우농 타조 운영은 아들이 하고 있지만 그 당시 따님이 부모님을 도와 일하면서, 경기 사이버 장터에 입점 활동을 하면서 나를 소개하여 소정의 절차를 거쳐 경기도 사이버 장터에 입점하게 되었다. 그 당시는 정말로 꿀벌과 양봉산물의 자부심을 가지고 열정을 다해 생활할 때라, 정말로 최선을 다해 노력하면서 경기도 사이버 장터의 일원으로, 온라인 판매와 오프라인 행사를 함께 진행하면서 수도권 백화점과 각종 행사에 참석하며 양봉산물을 홍보하였다. 온라인 고객들을 모시고 1년에 한 번씩 경기도의 지원을 받아 양봉장(비무장지대 안 판문점 옆)에서 체험행사까지 하였다. 또 오프라인 행사에는 경기도를 대표하는 농축물 생산가공 회원 30여 명이 수도권 백화점을 순회하면서 경기도 농축산물을 홍보하였는데, 남다른 성과와 소비자들로부터 인정받는 제품으로 날로 발전하는 모습을 보이기도 하였다. 그리고 경기도 사이버 장터와 연계하여 파주 팜 홍보를 위해 파주 그린투어 행사를 하면서 온라인 오프라인을 통해 소비자와 생산자가 함께하는 시간 속에 더 많은 홍보와 소비자에게 제품을 좀 더 자세히 알릴 수 있는 기회를 만들어 왔다.

사이버 장터 관계자께서 각 시군에 교육할 때마다 "경기도 사이버 장터는 지금의 홍익 양봉원 수준까지 끌어올리는 것이 목표다."라고 했으니 나 역시 너무나 자랑스러웠고, 그때만 해도 40대 중반이었으니 지금 생각해도 양봉인으로 자부심과 열정이 가득했던 젊은 날이 아니었나 생각이 든다.

분당 삼성 프라자에서 있었던 일

2002년 10월 11일 금요일 경기도청이 후원하는 제2회 경기도지사 인증 G 마크 명품전이 성남시 분당 서현역에 위치한 삼성 분당 프라자 식품관 특설행사장에서 열렸다. 경기도 대표 농축산물을 홍보하고 판매하는 행사 중에 힘이 많이 들었지만 가장 기억에 남는 것은 백화점이었다. 지금도 이름만 들어도 전 국민이 다 알 수 있는 브랜드의 제품들과 함께 10일간의 행사가 시작되었다. 나는 양봉의 꿀 제품이라 별로 인지도가 없어서 한쪽 구석, 과자 판매장 옆에서 조그마한 진열대에 자리를 배정받았다.

진열대 위에 꿀과 프로폴리스, 화분, 로열 젤리 등 나름 A4 용지에 홍보물까지 준비하였고, 로열 젤리는 시식까지 하며 최선을 다하였다. 시식의 반응은 예상외로 좋았고, 건너편에 위치한 수입품 코너 직원들 덕에 인기가 폭발적이었다. 시식한 수입품 코너 직원들의 입소문으로 단골고객 하나둘 관심을 보이더니, 행사 3일차에 막 진열을 마치고 시작하려 하는데 백화점 점장이 직원 몇 분을 데리고 오더니 나에게 수고한다고 인사를 하고 진열된 제품을 유심히 살펴보고 직원에게 내 제품을 관리하라고 하면서 백화점에서 관심을 보이더니, 다음 날 경기도를 대표하는 경기도 농축산물 행사 포스터를 제작 농축산물 소개란에 컬러 화보 사진의 절반은 나의 제품을 소개한 것이 아닌가? 소비자로부터 인기 있는 제품도 백화점에서 이렇듯 대우를 받는다는 것을 처음 알았다.

당시 특별했던 상품은 오디 꿀, 국내에서 처음 출시했고 파주 비무장지대에서만 생산된 꿀이라 정말 귀한 꿀이었다. 당시 판매가격은 1.2kg 오디 꿀 한병에 4만 원, 싸리꿀이 35,000원, 아카시 꿀은 2만 원 상당히 고가의 꿀로 판매했던 기억이 난다. 특히 로열 젤리는 늦게 오면 품절로 구입을 못 하니 이른 아침 내가 오기를 기다렸다가 하루 판매량 20병을 한 사람이 모두 사 가는 날도 많았다.

한번은 꿀, 화분, 로열 젤리 모두 소비자에게 설명을 하고 또 효과를 본 소비자가 지인들을 데리고 와 판매로 이어졌지만, 프로폴리스만은 설명만으로 부족한 것 같은 생각이 들었다. (항상 꿀 매대에 시식과 나의 설명을 듣기 위해 소비자들이 붐비고 있었다.), 프로폴리스의 대단한 효능을 약장사처럼 설명해도 좋지만, 효능을 입증해 보여 줘야겠다는 생각에 손님 중에 치아가 아픈 사람을 찾아 약속했다. 물에 탄 프로폴리스를 먹고 5분 내로 치통이 멈추지 않으면 100ml 7만 원 한 병을 그냥 주겠다고 말이다.

먹고 3분 지나자 손님이 하는 말이 아픈 치통이 속으로 싹 감춰지는 것 같다고 말하는 것이 아닌가! 주위 사람들의 관심이 집중되고 결론은 프로폴리스까지도 꽤나 많은 판매로 이어졌다. 10일간의 행사가 끝나고 20여 개의 참여 업체와 농가 중에 4위로 판매고를 올리는 성과를 거두었다. 행사 기간 내내 백화점 규정 때문에 앉지도 못하고 하루 종일 가족과 둘이서 서서 일했는데, 힘든 줄도 모르고 다리가 아프면 손님이 뜸한 시간을 이용해서 가족과 번갈아 가며(실은 나 혼자만 매장 밖 계단에서 잠시 아픈 다리를 풀고 견디며 아내는 쉬지도 못하고) 판매에 정신이 없었다.

10일간 파주에서 분당까지 가려면 출퇴근 시간의 한강 북로 러시아 워를 통과, 늦어도 새벽 6시에 출발해야 막힘없이 갈 수 있었고, 백화점 폐점 시간이 8시라서 정리하고 강변북로 퇴근, 파주에 도착은 밤 11시, 또 내일 판매할 봉산물을 담고 준비가 끝나면 자정을 넘어 새벽 1시가 되어야 잠자리에 드는 일정을 아내와 둘이서 행사 기간 내내 10일 간, 어떻게 지나갔는지 지금 생각하면 꿈만 같다.

나보다 몇 배나 더 힘들었을 텐데 불평 없이 묵묵히, 아니 힘들어하는 나를 오히려 다독이며 격려해 준 아내가 있었기에 가능하지 않았나 생각된다. 지금 생각해도 그저 고맙고 감사할 뿐이다.

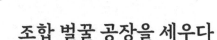

조합 벌꿀 공장을 세우다

2005년 5월, 파주시 파평면 눌노리 802번지 파주양봉영농조합법인 공장을 세우면서, 그해 9월 27일 오전 11시에 벌꿀 소분 농축공장 준공식을 가졌다. 기술센터 소장, 파주축협 조합장, 파평면장, 파주시 축산과장 등 관계 기관장, 그리고 유명한 벌침 강사를 초빙하고 관내 원로 양봉인과 양봉 농가 모두를 초청하여 준공식을 가졌으니 그야말로 잔치 한마당의 축제를 한 것이다. 지금껏 파주에는 꿀 소분장이 없어 멀리 연천까지 가서 하곤 했는데, 파주 농가들의 오랜 숙원사업인 꿀 소분 농축장이 세워진 것이다. 게다가 현대식 저온 꿀 소분 농축공장이 세워졌으니 기쁜 마음은 말로 표현할 수 없었다. 현 공장 부지 자금을 5천만 원 확보했지만 부지를 선정하지 못하고 미루어 오던 중, 양봉협회 3대 총무를 맡았던 봉우가 시에 올린 소분 농축장 계획서가 채택되어, 부지 선정에 전 회원이 참여하여 보다 적극적으로 물색하게 되었다. 하지만 건축 행위 할 수 없는 개인의 전답만 찾다가 1년간 허송세월을 보내고 있을 때, 시 사업 담당 부서인 축산과에서 연락이 왔다. 내일까지 사업 시행 여부를 결정해 알려 달라는 최후통첩.

아니면 사업을 반납하겠다고 했다. 2004년 12월 8일에 협회장 이하사업에 참여한 봉우들이 한자리에 모였다. 모두가 말이 없다. 결론은 반납하기로 의견이 모아지는 듯했다.

결단의 시간

한참의 침묵이 흐르고 누군가 결단을 내려야 했다. 그래서 결심했다. 파주시 양봉협회를 창단하고 꿀 소분장 건립을 최초에 제안한 내가 어렵지만, 정말 어렵지만, 빚을 내서 혼자서라도 추진하겠다고 말이다. 파주 양봉 농가의 발전을 여기서 포기할 수 없다고 하니, 초대회장인 J 봉우가 그러면 자기도 동참하겠다고 한다. 더 이상 참여하겠다는 농가는 나오지 않았다. 그래서 다시 말했다. 비록 지금은 두 사람이 시작하지만 언제든 파주양봉영농조합법인은 문을 활짝 열고 여러분을 기다리겠다고 말이다. 참여하지 않는 봉우들도 이구동성으로, 비록 참여는 하지 않지만 꼭 성공하기를 바란다는 응원의 말들 해 주었다. 다음 날 시청에 들어가 경과를 보고하고 이 사업은 파주시 양봉 농가의 숙원사업이라 꼭 하겠노라고 의지를 표명하고 다짐을 받고, 담당 공무원으로부터 격려도 받았다. 그날 이후로 J 봉우와 부지 선정에 전념을 다할 때 Y 봉우로부터 적지가 있다고 연락을 받고 확인한 다음, 담당 공무원에게 지번을 보여 주니 건축이 가능하다고 한다.

그때부터 무척 바쁘게 꿀 소분 농축장 건립이 정신없이 진행됐다. 당시 부지가 답이었는데 공장 부지로 형질 변경과 등기이전, 측량, 종합

건설 선정, 군부대 동의, 경기도 내 농축장 유통센터 식품공장 견학 등 조합 총무로 1년 동안 6개월은 여기에 시간과 노력을 투자하였다. 상표 디자인 구상과 상표 등록 등 정신없이 사업추진에 열정을 다했다.

드디어 2005년 6월 17일 조합 전화기 가설을 끝으로 다음 날 18일 아카시 꿀 2드럼을 소분하는 역사적인 순간을 맞이하였다, 그야말로 꿈만 같았던 순간이다. 그리고 소분 농축장이 세워지기까지 시 축산과와 담당 공무원의 적극적 지원과 응원으로 지금의 공장이 세워지지 않았나 생각된다. 지금 생각해도 그분들에게 고마울 따름이다.

계획에 차질이 생기다

파주양봉영농조합 계획은 소분 농축장 건립으로 끝난 것이 아니라 2차, 3차까지의 계획이 있었다. 하지만 건강기능식품 프로폴리스 제조 식약청 허가와 3차 기숙사 건립과 창고 증축, 그리고 시설보완까지의 계획에 차질이 생긴 것이다. 누군가 투서를 넣어 2차까지 하고 3차가 중단되어 계획에 차질이 생겼다. 시의회 투서는 담당 공무원과 조합일 모두 총괄한 총무인 내가 감사를 받고 무사히 잘 끝났는데 또다시 경기도 의회에 투서를 올린 것이다. 또다시 감사를 받았다.

나야 민간인이라 사업에 관련되어 이루어진 서류 전부를 정리하고 현장을 보여 주면 끝나지만(물론 그것도 쉽지만은 않았지만), 담당 공무원의 고충은 이루 말할 수 없었다. 오죽했으면 두 번의 감사를 받고 난 후 앞으로 두 번 다시 꿀벌에 관련된 사업은 하지 않겠다고 말했을까…. 양봉 농가를 도와주려고 한 것인데 오히려 양봉 농가로부터 투서를 받고 말 못 할 고충을 받았으니 말이다.

3차 사업을 올리면 번번이 사업 불가 반송이 되었다. 오랜 노력과 기다림 끝에 어렵사리 3차 사업이 이루어지고 모든 사업 계획이 완성될 수 있었다. 지금 생각해도 경기도나 파주시 담당자분들의 적극적인 도움이 없었다면 감히 엄두도 낼 수 없는 사업이 아니었나 생각하고 다시 한번 그분들께 머리 숙여 감사의 인사를 드린다.

자연 드림과의 만남

유기농신시와 여성민우회를 통해 전국의 생협을 알게 되고 2011년에 자연드림과 인연을 맺은 지도 13년이 되어 간다. 우리나라의 생협 하면 총 4개 업체인데 자연드림 아이쿱 생협, 한살림 생협, 행복중심(여성민우회) 생협, 두레 생협이다.

자연드림은 4개 업체 중에 규모가 가장 크고 전국매장이 250개가 넘는다. 그리고 전남 구례 공단과 충북 괴산에 있는 공단은 경기도가 벤치마킹하고 정부가 인정하는 대표적인 생협이다.

2011년 12월, 납품 계약 체결을 위해 자연드림 본사에 찾아가 담당자와 인사를 나누고, 벌꿀 이야기를 하였다. 아카시 꿀과 밤꿀은 탄소동위원소 -23.5 이하인데 야생화 즉 잡화 꿀은 탄소동위원소 -22.5 이하로 규격을 완화해서 말하는 것이 아닌가? 의아했다. 이유를 물으니 답은 간단하다. 식약청과 식품 공정 규정을 따른 것이란다. 틀린 말은 아니다. 전에는 아카시 꿀이 전부고 밤꿀은 장마의 영향을 받아 생산량이 결정되었다. 야생화 꿀은 밀원식물이 부족하기 때문에 규격을 완화하여 탄소동위원소 -22.5 이하로 1%의 사양 꿀(설탕 꿀)을 인정하고 완화해서 규정을 만들었다. 이 규정은 지금도 양봉협회나 양봉조합이나 모든 벌꿀 유통업체가 적용하기도 한다. 그래서 단호하게 말했다. 자연드림 생협에서 우수한 천연 꿀을 조합원님들께 판매해야 하지 않겠냐고, 야생화 꿀도 규정을 강화하여 천연 꿀을 조합원님들께 소개해야 하지 않느냐고 말이다. 지금은 지구 온난화로 온도가 상승하고 밀원식물도 많이 심어져 야생화 꿀도 많이 생산되니, 기준을 아카시 꿀과 밤꿀처럼 올리자고 제안하였다. 그때부터 자연드림 생협에 납품되는 모든 꿀은 파주양봉영농조합에서 탄소동위원소 -23.5 이하만 납품하고 있다.

이듬해 2012년 프로폴리스를 납품받기 위해 생협 구매담당자가 전국 5곳의 프로폴리스 공장을 견학, 관찰했는데, 당시 프로폴리스 제품 생산공장은 대부분이 식품 전문가 또는 대학교수 박사님들이 운영하고 있었다. 나 스스로 걱정이 앞섰다. 파주양봉영농조합처럼 생산자 단체에서 꿀벌 치는 농부가 생산하는 시설과 환경은 모든 면에 비교조차도 할 수 없을 정도의 열악한 시설과 환경일 테니 말이다. 오직 내 미천한 경험과 한 곳의 견학만으로 구상하고 만들었으니 오죽했겠는가? 그런데 결과는 놀라웠다. 국내 우수한 업체들과 벤처 기업을 마다하고 파주양봉영농조합의 프로폴리스를 납품받겠다고 결정한 것이다. 이유를 물었다. 담당자가 하는 말은 이러했다. "타사의 제품은 시설이나 환경 모든 것이 완벽한데 제품을 믿을 수가 없다. 원료와 첨가제가 혼입되는지 관리가 쉽지 않다."라고 말이다.

파주 양봉조합 프로폴리스의 강점

파주양봉영농조합의 프로폴리스는 모든 면에서 부족할 수도 있지만 장점으로 내세운 세 가지가 있었다.

첫 번째, 100% 국내산

두 번째, 2년의 숙성기간

세 번째, 무(無) 첨가제

이 세 가지 장점을 높이 평가하여 결정했다고 했다. 파주양봉영농조합에서도 맛도 덜하고 왁스가 묻어나서 소비자들이 선호하지 않는데 우리도 인공과당과 첨가제를 넣어 소비자의 기호에 맞추어 생산하자는 건의가 여러 번 있었다. 하지만 나는 단연코 반대했다. 우리가 아무리 잘해도 교수, 박사, 전문가의 시설이나 환경은 따라가지 못한다. 그러니 우리가 유일하게 강점으로 내세울 것은 첨가제를 넣지 않았다는 증거를 남기는 것이라는 생각이었다. 이것만이 우리가 살아남을 수 있는 유일한 길이라고 생각했다.

그러던 어느 날 프로폴리스 사장 한 분이 우리 조합의 프로폴리스 제품 한 병을 구매했다. 이상하게 생각됐지만 그러고는 그냥 지나쳤는데 며칠 후 전화가 왔다. 국내 프로폴리스 제품을 모두 구매하여 성분을 검사했는데 역시 파주양봉영농조합의 프로폴리스가 제일 좋았다면서 전화를 해 준 것이다.

최근 몇 년간 수도권 매장을 돌며 소비자 조합원들과 생산자의 만남이 있었는데 그때마다 프로폴리스와 로열 젤리, 화분, 꿀, 밀랍 등 꿀벌의 모든 것을 문답하고 또 궁금증을 해결해 주면 너무나 좋아하는 것을 보게 되었다. 그래서 칠순을 넘기고 이제부터는 오히려 더 많이 소비자님들과 자주 소통을 해야겠다는 마음이다.

꿀 프로폴리스 혼합 음료 개발

해를 거듭할수록 프로폴리스 매력에 깊이 빠져 가고, 프로폴리스를 이용한 다양한 제품을 만들 수 있는 무궁무진함을 알게 되었다. 또 프로폴리스 제품으로 가장 효과를 볼 수 있는 것이 알콜(주정)로 추출한 것인데, 이것을 물에 타서 먹는 것이 효과가 가장 빠르게 나타나는 것도 알게 되었다.

그래서 개발한 첫 제품은 손쉽게 원터치로 타서 먹을 수 있는 제품이었다. 고심 끝에 개발한 제품의 이름은 "폴리스 원" 뚜껑을 열면 이중으로 부착된 뚜껑에서 원액이 분사되면서 물에 혼합되어 손쉽게 물과 섞이는 제품이다.

두 번째 제품은 시중에 나와 있는 대중적인 음료 중에 삼성 계열사의 컨○○ 이라는 음료를 통해 아이디어를 내서 개발한 제품이다. 제품명은 "프로킹" 꿀 중에 향이 가장 좋은 벚꽃 꿀과 프로폴리스를 주원료로

하여 만들었으니, 맛과 기능성은 타제품과는 비교도 되지 않을 정도로 월등하다. 맛도 좋고 기능성도 우수하다. 코엑스 축산물 브랜드 전에 전시, 소개했는데, 그해 가을 파주 장단콩 축제 때 중년의 여성 고객 한 분이 프로킹 빈 병을 들고 비앤비 꿀 판매 부스를 찾아온 것이 아닌가? 코엑스 행사 때 구해 먹었는데 효과가 너무 좋아서 똑같은 제품을 사려고 이렇게 빈 병을 들고 찾아 왔다는 것이다. 너무나 고맙고 반가웠다. 어떤 효과를 보았냐고 물어보니 평소에 목이 잠기고 좋지 않아 고생을 많이 했는데, 이 음료를 먹고 많이 호전되고 좋아졌다고 한다. 구강에서 항균 작용을 하는 기능이 있으니 효과를 본 것이다. 한 상자를 사 가시면서 도리어 고맙다며 인사하고 가신다.

그런데 그다음 날 똑같은 상황이 일어났다. 이번엔 고3 여학생이 빈 병을 들고 비앤비 부스를 찾아온 것이다. 코엑스 행사 때 부모님이 사 주신 프로킹을 저녁에 공부할 때 먹으니 머리가 맑아지고 공부에 집중하기가 아주 좋았다면서, 제품을 보더니 여고생 얼굴에 밝은 미소가 번졌다.

그때 나는 생각했다. '바로 이거야.' 문제는 홍보와 판로 확대다. 경기도에서 추진하는 해외 수출 제품 모집에 응모하여 선발되어 프로폴리스 제품 4종류에 관련된 수출서류를 준비하고 경기도청 담당자와 통역사, 그리고 함께 선발된 제품 담당자들과 4박 5일간의 일정으로, 영어 강사 경력이 있는 과장이 일행과 함께 중국 현지로 출발했다. 현지 행사는 계획대로 잘 진행되었고 무사히 마치고 귀국 후 현지 반응도 좋았고 통역사까지 직접 나서서 자기가 별도로 수출 추진하겠다며 연락이 왔다.

통역사가 제품을 가지고 현지에 다시 가기도 했는데, 공교롭게도 사드(탄도 미사일 방어시설) 문제가 발생하여 수출이 어려워져서 중단되었다. 그 후로 국내시장을 공략하기 위해 도청직원과 양재동 aT 센터에도 가고, GS편의점 본사, 롯데음료 본사 등 노력했지만 계속 추진할 수는 없었다. 대기업 입장에서는 그렇게 좋은 음료라면 직접 만들지, 벌 치는 농부가 만든 제품을 받아서 팔겠냐는 것이었다. 그렇다고 비앤비가 인지도가 있는 브랜드도 아니고. 지인을 통해 농협 하나로 마트에 납품을 하기도 하고 또 다행히 전국 250개 매장이 있는 곳에서 납품받겠다고 해서 시제품을 준비해 보냈는데 아쉽게도 최종 답변은 비앤비가 직접 만든 제품이 아니고 OEM 제품이라 받을 수 없다는 것이었다. 나름 최선을 다해 제품을 개발했는데 정말 아쉬웠다.

그러나 아직 희망은 버리지 않았다. 언젠가는 작게나마 음료 제조 시설을 갖춘 공장을 짓고 OEM 제품이 아닌 내 손으로, 비앤비 파주양봉영농조합에서 직접 더 좋게 개발하여, 시중에 유통되는 어느 음료제품보다도 훌륭한 음료 프로킹을 꼭 만들고야 말 것이다. 그래서 프로폴리스와 꿀의 기능성을 알고 찾는 소비자들에게 희망과 선택의 폭을 넓혀 주어야겠다는 꿈을 언젠가 꼭 실현하고 말 것이다.

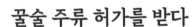

꿀술 주류 허가를 받다

지구상에서 인간이 가장 먼저 만들어 마신 술은 바로 꿀술이라고 한다. 하여 꿀로 술을 만들어야겠다는 생각을 하게 되었다. 꿀 중에 향기가 가장 좋은 벚꽃 꿀을 이용하였다. 첨가제 없이 오직 발효와 숙성으로 꿀과 물을 사용하여 알콜 12도의 꿀술을 만들어 제조 허가를 받았다. 지난 2006년 건강기능식품인 프로폴리스 제조 허가를 받으면서 꿀술, 즉 주류 제조 허가도 함께 받으려고 준비했었다.

그런데 벌밖에 모르는 내가 동시에 건강기능식품 제조와 주류제조 허가를 받는 것은 그야말로 하늘의 별따기였다. 꿀술을 만들기 위해 구체적인 작업에 들어가서 시설 장비 구입, 기타 상세계획을 전문가에 의뢰하여 준비했고 일정까지 잡아 놓았다. 그런데 문제가 발생했다. 식품기술사의 도움으로 순조롭게 진행되던 프로폴리스제조의 식약청 허가가 발목을 잡은 것이다. 시설보완을 하고 일주일 간격으로 점검받고 미비 사항을 보완하였다. 정말이지 이 일은 전문가가 해야지 꿀벌만 치는 농부가 할 수 있는 일은 아니었다.

세 차례에 걸쳐 시설을 보완하고 수많은 점검을 받은 후에야 간신히 제조 허가를 받았다. 그렇지만 모든 열정을 집중해서 일궈 낸 상태라 거의 탈진상태였으니 더 이상 진행할 여력이 없었다. 나름대로 계획하고 준비했으나 완성단계에서 꿀술의 주류 제조 허가는 멈출 수밖에 없었다. 정말로 개발하고 싶었고 간절했는데 아쉬움이 이만저만이 아니다. '그래, 욕심은 버리자. 다음에 얼마든지 할 수 있지 않겠는가? 국내에서 5번째로 건강기능식품 제조 허가를, 생산자 단체에서는 국내 처음으로 식약청으로부터 받지 않았는가?' 스스로 위로하며 주류 허가는 다음 기회에 하기로 도움을 준 전문가에게 사정을 설명하였다. 그리고 후에 안정이 되면 꼭 다시 하겠노라고 다짐도 했다.

2017년 6월 15일, 허가를 받다

아이러니하게도 그로부터 10년 후 주류제조 허가 문제로 전문가를 찾아 충청도로 갔는데 그 전문가가 10년 전 나에게 도움을 준 그 전문가가 아닌가? 두 번째 만날 때는 10년 전 전문가에게서 받은 설계 도면도 보여 주면서 지난날을 회상하기도 했다. 10년 동안 꿀술을 접어 두었던 것은 개인 양봉원 운영과, 또 조합 일로 차일피일 미루다 보니 10년 세월이 지나가고 말았다. 드디어 2017년 6월 15일 기타주류(꿀술 : 벌꿀 와인) 제조면허 허가를 받았다. 건강기능식품에 비해 쉽다고는 할 수 없지만 전문가들의 조언을 받고 준비 기간도 길어서인지 좀 순조롭게 받지 않았나 생각된다.

주원료가 꿀인 만큼 허니와인은 벌꿀의 종류에 따라 향과 맛이 미묘하게 달라지는데 4월 봄의 향기를 머금은 벚꽃 꿀을 이용한 비앤비 허니와인은 그 맛과 향이 매우 뛰어나다. 자연의 깊은 향과 달콤한 맛을 느낄 수 있다. '허니문'이라는 달콤한 단어의 유래 역시 과거 북유럽의 국가에서 결혼한 부부가 신혼 초 한 달간 꿀로 빚은 꿀술을 마시는 관습이 있었기 때문에 꿀(honey)과 한 달(month-moon)이라는 말이 합쳐져 탄생하게 되었다고 한다. 고대 노르웨이 지역에서는 신랑이 신부를 납치해서 숨겨 두는 기간이 있었는데 신부의 아버지가 딸을 찾는 것을 포기할 때까지 숨어서 기다린 다음에야 비로소 '행복한 한 쌍'은 신랑의 부족에서 함께 지낼 수가 있었다고 한다. 숨어 있는 30일 동안 신랑과 신부에게는 매일 꿀로 만든 술을 한 잔씩 주었다고 한다. 꿀로 만든 술을 주는 이 30일 동안의 기간이 허니문이라는 단어의 유래가 되었다는 말도 있다.

꿀로 만든 술은 포도주보다 오히려 더 긴 역사를 가질 정도로 오랜 기간 인류와 함께했다. 달콤한 꿀과 순수한 물이 만나 숙성 발효되어 만들어지는 벌꿀술은 고대 그리스 로마 신화 속 인류 최초의 술로 전해지고 있다. 꿀로 만든 허니와인은 날씨가 추워 포도 재배가 어려운 북유럽에서 발달했다. 꿀술을 가리키는 Mead(미드)라는 단어가 생성된 시기는 대략 서기 600년경으로 서, 고사십이집(1787년), 임원십육지(1827년), 오주행문장전산고(1850년) 등에도 전래되는 대표적인 보양주로 알려져 있고 당시의 경제 상황으로 볼 때 극히 특권층만을 위해 만들어졌을 것으로 여겨지며, 조선 시대에서는 왕실과 사대부들이 주로 음용했을 것으로 추정된다.

특히 『동의보감』에서 봉밀 주(꿀술)는 보양과 정기를 증진시키는 데 매우 유용하다고 전해지고 있으며, 그 맛이 달콤하고 발효 시에는 풍미가 탁월하다고 알려져 있다. 1년 중 가장 먼저 생산되는 벚꽃 꿀은 4월의 봄을 느낄 수 있을 만큼 진한 벚꽃 향과 달콤한 맛이 꿀 중에 최고의 향을 지닌 꿀로, 멜라닌 색소 생성을 억제하여 기미, 주근깨, 검버섯 등의 색소성 질환을 예방하고 세포재생, 면역력 증진에 도움을 주는 특별한 꿀로서 특히 여성건강과 피부미용에 좋다고 알려져 있다.

파주양봉영농조합에서 생산된 비앤비 허니와인은 무첨가제로 100% 국산 벚꽃 꿀로 만들고 부드러운 향과 달콤한 맛을 느낄 수 있는 스위트 와인이다. 칠순을 넘긴 지금도 프로폴리스뿐만 아니라 꿀을 이용한 다양하고 건강에 도움을 주고 서민들이 먹을 수 있는 획기적인 제품을 만들고 싶은 욕망은 버릴 수가 없다.

미래 양봉 후계자를 양성하다

　인생 2모작의 꿈을 실현하기 위해 나를 찾아와 꿀벌을 배우고 싶다는 사람들이 너무나 많다. 정년을 앞둔 경찰관, 공무원, 교육자, 군인, 직장인, 여성 심지어 다니는 직장을 그만둔 젊은 청년까지 다양하다.

　그래서 시작한 것이 무료 양봉 교육이다. 교육장이 협소하여 조합 꿀벌 화분 반죽장을 몇 차례 확장해서 임시교육장으로 활용했다. 처음엔 30여 명이었는데 차츰 많아지더니 계절별로 두 번씩 하는 교육이 나중엔 80여 명에 이르렀다. 교육을 받고 싶다고 신청한 사람은 300명이 넘는다. 교육장도 협소하여 세 번에 걸쳐 교육장을 확장하다가 급기야 화분 반죽장 30평을 모두 교육장으로 완전 개조하여 이용했다. 2016년부터 2021년 코로나19로 중단될 때까지 6년, 당시 주변에서 양봉 농가가 늘어나면 기존 농가가 더 어려움을 겪는데 왜 무료 교육까지 하느냐고 싫은 말들도 많이 했다. 틀린 말은 아니다. 그렇지 않아도 좁은 국토에 비해 양봉 농가가 많은데 그 수가 늘어나면 기존 농가 입장에서 위협을 느낄 수도 있겠다고 생각된다. 하지만 꿀벌 산업은 지금보다 더 활성화되어야 한다는 생각이 앞섰고, 꿀벌이 사라지면 4년 후 인류가 살아남기 어렵다고 아인슈타인은 말하지 않았는가?

선진국은 농업이 발달하고 그중에서 양봉산업은 더 관심을 가지고 지원을 해 준다고 한다. 그렇다면 과연 나는 양봉 입문 초보분들께 어떻게 양봉을 지도할 것인가 곰곰이 생각하고 내린 것은, 양봉기술이 아니라 양봉산업과 꿀벌을 이해하는 방향으로 중점을 두고 최종 결정은 본인 스스로 할 수 있도록 교육의 방향을 잡았다.

양봉산업은 환경과 자연을 살리는 산업이다. 꿀벌에서 얻어지는 봉산물은 최고의 건강식품으로 사람을 살리는 효능이 있다. 그래서 구체적으로 분야별 나누어 보면 다음과 같다.

1. 꿀벌 사양기술 30%

기본만 알면 어차피 사양기술은 본인 스스로 꿀벌을 치면서 배우면 된다. 또 그렇게 경험으로 얻어져야 자기 것이 되는 것이니까.

2. 봉산물의 효능과 유통에 30%

아무리 좋은 것도 경제적인 뒷받침이 없으면 흥미가 없다. 봉산물의 효능을 잘 알고 해박한 지식을 가지고 있는 똑똑한 소비자를 상대로 '꿀벌에 관련된 모든 것은 내가 최고야.'라고 소비자를 압도하는 자신감은 봉산물의 효능을 알아야 유통과 연결시킬 수 있다.

3. 밀원식물 심고 가꾸기 40%

농부는 농사지을 땅이 있어야 농사를 짓는다. 그렇다면 꿀벌 치는 양봉가의 농사지을 땅은 곧 밀원식물인 것이다. 양봉가가 밀원식물을 심고 가꾸는 것은 너무나 당연한 것이고, 양봉산업에 있어 가장 중요한 일이다. 밀원식물을 심고 가꾸지 않는다면 꿀벌을 사육할 자격이 없다. 그래서 비중을 가장 높게 두었다.

* 꿀벌 파트너의 조건
1. 꿀벌 입문 꿈꾸는 귀농 귀촌 희망자.
2. 새로운 일자리 찾아서 꿀벌에 올인하고 싶은 분.
3. 양봉에 입문했지만 매력을 느끼지 못하시는 분.
4. 미래 여성 양봉가를 꿈꾸시는 분.

이렇게 해서 직접 꿀벌 치기와 봉산물의 이용과 효능을 알고, 유통전략을 토의하고 우수 밀원식물을 심고 가꾸고 (씨 뿌리고 접목하고) 그리고 꿀벌의 모든 컨설팅까지 함께했다. 10년 전 동양종 꿀벌(토종벌)이 낭충 봉아 부패병으로 국내에서 사육되는 토종벌 90% 이상이 폐사하는 심각한 꿀벌 산업의 치명적인 사건이 발생하여 지금도 어려움이 지속되고 있는 가운데, 최근에는 서양종(양봉)마저 원인불명으로 사라지는 현상이 2년째 지속되어 양봉산업의 근간이 위태롭게 되는 현실을 볼 때, 양봉산업은 더 많은 사람들이 노령 유휴인력까지 동참하여 관심과 애정, 적극성을 가지고 노력하여 꿀벌 산업을 살리는 것이 환경과 자연을 살리는 길이라고 생각한다.

그렇게 하여 지구촌을 더 푸르게 하고, 밀원식물과 꽃으로 나와 꿀벌이 있는 곳이 공원이 되고 그 가운데 풍요와 건강을 누리며 꿀벌과 더불어 천년만년 사는 것이 꿀벌이 남을 위해 희생하는 이치에도 부합하고 꿀벌을 사랑하면서 꿀벌을 치는 양봉인의 소망이라 감히 말하고 싶다.

고양 축협에서 있었던 일

2019년 5월 어느 날 고양시 축협 직원으로부터 전화가 왔다. 고양 축협 조합원들에게 양봉 교육을 좀 해 줄 수 있느냐 묻는 것이다. 5월이면 양봉인들에게는 연중 가장 바쁜 달이기도 하지만 1년 중에 수확하는 봉산물이 가장 많은 달이기도 하다. 하지만 해 주겠다고 약속을 하고 교육받을 인원이 몇 명이냐고 말하니 초보자 300명이란다. 인원이 많아 한 번에 다 하지 못하고 두 번에 걸쳐 나누어 해 달란다. 아니 파주도 아니고 고양시에 양봉을 배우겠다는 초보자가 300명씩이나 된다니 정말로 궁금했다.

꿀벌 사양 관리 교육

5월 23일과 24일 이틀에 걸쳐 300명의 고양시 축협 조합원을 대상으로 꿀벌 사양 관리 교육을 하면서 직접 보고 느낀 것이 정말 크다. 고양 축협의 경우 수도권의 백만 대도시로 발전하는 것에 비해 상대적으로 환경오염이 심각한 소, 돼지, 닭의 축산농가는 현격히 줄어들어 축협의 존폐 위기에 이르게 되자 이를 막기 위해 생각한 것일까? 조합원도 확보하고 환경도 살리는 사업으로 꿀벌을 선택하여 사양길에 놓인 가축 사육 농가에 적극 권장한 것이 양봉이었다. 소, 돼지, 닭 사육을 그만두는 조합원에게 고양시 양봉 농가와 연을 맺어 꿀벌 10군씩 구매하여 위탁 양봉을 하면 조합원으로 자격을 계속 유지하는 것으로, 고양 축협을 살리는 길을 택한 것이었다. 그런데 문제가 발생되었다.

농협중앙회에서 유권 해석이 내려져 가축을 직접 사육하지 않으면 조합원으로 인정할 수 없다는 것이다. 발등에 떨어진 불을 고양 축협이 급기야 위탁 양봉에서 직접 사육하는 방식으로 방향을 바꾸게 된 것이다. 그래서 꿀벌에 대해 전혀 아는 바 없는 위탁 조합원에게 양봉 교육이 필요했던 것이고 나에게 교육을 의뢰했던 것이다.

걱정이 앞선다. '몇 시간의 교육으로 생 초보자들이 과연 벌을 키울 수 있을까? 사실상 양봉 기술이야 키우면서 알면 되지만 그것보다 먼저는 꿀벌을 키울 의지가 과연 있을까?' 하는 것이 의문이었다. 그래서 교육내용을 양봉 기술이 아닌 양봉을 키울 수 있는 환경, 즉 의지를 키워 줘야겠다고 생각하고 교육 내용을 정하였다. 먼저는 왜 양봉 꿀벌을 키워야 하는가에 대한 이유, 그리고 키울 수밖에 없는 매력이 있다는 것을 알려 주고 싶었다.

30년 전에 내가 느꼈던 그 느낌 그대로, 대부분의 교육 시간을 양봉 산업의 중요성과 가치 봉산물의 효능 등을 알리는 데 보냈던 것 같다. 교육 장소에 도착, 언제나 그랬듯이 꿀벌과 함께하는 공간은 뜨거운 열기가 가득했지만, 이날만은 평소 느끼지 못했던 분위기에 압도되었다.

예정된 교육생 300명 중 1일 차 150명, 빈자리 하나 없이 질서정연한 분위기와 3시간 강의하는 동안 내빈석에 참석한 조합장은 한 번도 자리를 뜨지 않고 강의 중에 뭔가를 메모하면서 끝까지 교육생과 함께하는 모습을 보여 주었다.

절박함이 만든 성과

그 어떤 절박함이 있었을까? 시군에 소재하는 축협이 양축농가가 줄거나 없어지면 전국 시군 축산업협동조합은 어떻게 될까? 환경오염의 주범으로 몰리는 소, 돼지. 지구촌 환경을 살리기 위해 10대 초등생까지 우리들의 미래 환경을 오염시키지 말고 살아갈 환경을 보장해 달라고 소리치는 목소리가 전 세계로 확산되고 있는 지금, 심지어 안전한 먹거리 생산을 위해 실험실에서 세포 증식을 이용하여 실제 생체 육과 똑같은 영양, 맛 등 너무나 친환경적인 고기를 현대적 시설을 갖춘 공장에서 대량 생산에 들어간다면 어떻게 될까? 심지어는 이미 개발 중에 있고 시판까지 한다고 한다.

2일간의 강의를 마치고 너무나 크고 많은 것을 생각하게 되었다. '우리나라가 양봉 강국으로 부상하는 것인가? 아니면 기존 농가들의 생계가 위협받는 것인가? 혹은 국토의 70% 산지가 밀원식물로 심어진다면 자연히 꿀 생산이 과잉되고, 그러면 호주처럼 모든 식품에 설탕 대신 꿀만 첨가하도록 법으로 정하면 국민 건강이 좋아지게 되겠구나. 전국 시군에 있는 축산업협동조합이 소, 돼지, 닭이 아닌 꿀벌 농가 중심으로, 가히 상상을 초월하는 엄청난 일들을 지금의 꿀벌 농가들이 감당해야 하는 몫인가!' 이틀간 300명의 초보 농가의 교육을 마치면서 이 축협은 아주 짧은 기간 동안 새로운 신규 조합원 300명을 확보한 셈이다.

파주연천축협 이철호 조합장의 말씀이 생각난다, 소, 돼지, 닭 양축 농가 없어지면 직원 여러분 모두 직장을 잃게 된다고. 이렇게까지 할 수밖에 없었던 고양 축협은 고양 축협만의 문제가 아니라 전국에 시군마다 있는 모든 축협의 문제임을 느낀다. 다시 말하면 이는 축협의 몰락이 아니라 꿀벌 산업의 힘찬 도약이라고 말이다. 지구촌의 모든 가축으로 인한 환경오염과 온실가스의 주범에서, 지구촌의 환경을 살리는 미래 친환경 산업으로 축협이 거듭날 수 있는 계기요 기회인 것이다. 가까운 미래에 또 다른 전국 축협의 현주소를 보는 것 같아 안타깝기도 하지만, 또 한편으로는 새로운 꿀벌 산업의 희망을 보는 것 같다.

세계에서 꿀벌이 가장 많은 나라!

꿀 생산의 70%를 차지하는 아카시나무는 전라도에는 많이 심겨져 있지가 않다. 강원도에도 비슷한 실정이다. 그리고 기온이 낮아 꿀 분비가 없다. 아카시나무는 300고지 이상에서는 잘 자라지도 않는다. 고산지대는 꽃이 있어도 꿀이 없다. 따라서 한정된 좁은 공간에 아카시꽃이 피면 전국에서 몰려든다. 꽃보다 꿀벌이 더 많을 것 같다.

경쟁이자 전쟁터다. 남들보다 더 많은 꿀 생산을 위해 우수여왕 확보, 조기 강군육성, 역군 양성을 위해 1상 2왕으로 최대한 꿀벌 무리를 키운다. 그것도 모자라 희생군을 이용하여 역봉을 모은다. 여왕벌의 날개를 자른다. 이러한 약육강식의 자연의 법칙을 모르는 양봉 초보자는 살아남지 못한다. 하지만 너무나 친환경 산업이라 신규 꿀벌 농가는 급증한다. 꿀벌은 한 방울의 꿀을 더 모으기 위해 생존경쟁의 격전지인 아카시밭, 개화전선을 따라 남쪽부터 시작하여 칠곡 신동재로 충청도와 경기도를 지나 철원으로 욕심 많은 인간들이 만들어 놓은 전쟁터로 등 떠밀려 꿀벌은 사투를 벌인다.

고정 양봉은 다섯 되도 힘들다. 어쩌면 한 되도 채밀하지 못할 수도 있다. 아카시나무 한 그루도 심지 않은 외지 양봉 농가의 어마어마한 정예 강군으로 현지 고정 양봉장을 초토화한다. 고정은 해마다 흉작이다. 폭 진(밀원식물보다 벌이 더 많은 현상)에선 누구나 흉작이다. 우리 스스로가 자초했으니 너무나 당연한 현실이다. 강군 육성해서 남보다 나만 더 많이 채밀하면 된다는 생각뿐! 문제의 해답은 폭 진! 폭 진이다. 폭 진이 아니면 아카시 꿀 누구나 풍밀을 맞이할 수 있다.

그렇다. 나무를 심는 것이 답이다. 전라남도 전라북도 강원도 그리고 그 외 지역에도, 때마침 지난해 8월 양봉산업의 육성 및 지원에 관한 법률이 국회를 통과하고 금년 8월 28일이면 시행이다. 한참 늦긴 했지만 지금부터라도 봉우님들이 한마음으로 나무를 심자. 10년만, 해서 천년을 꽃 피우자. 이 길만이 양봉산업이 발전하고, 농가가 살고 경제가 살고 국민이 건강해지고 지구촌이 아름답게 꽃 피우고 환경을 살리는 유일한 선택, 아니 필수다! 사단법인 한국양봉협회, 한국양봉농협, 전라남도지부, 전라북도지부, 강원도지부가 앞장서야 한다. 강 건너 불 보듯 한다면 꿀벌 산업의 희망을 저버리는 방관자로 남을 것이다.

앞장서야 전국의 양봉 농가가 동참할 이유가 생기지 않겠는가. 해서 미래의 희망으로 후세에 물려줄 자랑스런 양봉산업으로 자리매김해야 하지 않겠는가. 후대에 자랑스럽게 물려주어 선배 양봉가로 후손에 부끄럽지 않은 진정 꿀벌을 사랑하는 양봉가가 되어야 하지 않겠는가. 우리는 꿀벌을 닮고 꿀벌은 양봉가를 닮아 그렇게 우리 물들자 천년만년 하나로.

과수원길

동구 밖 과수원길 아카시아꽃이 활짝 폈네

하얀 꽃 이파리 눈송이처럼 날리네

향긋한 꽃 냄새가 실바람 타고 솔솔

둘이서 말이 없네 얼굴 마주 보며 쌩긋

아카시아꽃 하얗게 핀 먼 옛날의 과수원길

향긋한 꽃 냄새가 실바람 타고 솔솔

둘이서 말이 없네 얼굴 마주 보며 쌩긋

아카시아꽃 하얗게 핀 먼 옛날의 과수원길

먼 옛날의 과수원길

다음 노래 가사 중 아카시 흰 꽃을 너무나 황홀하게 표현한 구절의
하나를 소개하면

고향 땅이 여기서 얼마나 되나

푸른 하늘 끝닿은 저기가 거긴가

아카시아 흰 꽃이 바람에 날리니

고향에도 지금쯤 뻐꾹새 울겠네

이 나무의 고향은 북미, 우리나라에 들어온 것은 1890년 일본인 사카
기가 중국 상해에서 묘목을 도입하여 인천 공원에 식재한 것이 시초이

꿀벌과 함께하는 귀농 귀촌 아카시아꽃이 피었습니다

며 일제 시대 이후 황폐지 복구사업으로 사방용과 연료림 조성용으로 심어져 현재 전국에 걸쳐 30ha에 16억 그루가 자라고 있다. 산림청 자료로는 리기다소나무와 낙엽송 다음으로 많이 심어진 수종이 아카시나무다. 콩아과 식물로 낙엽교목인 나무는 30년생 정도면 키는 20m, 둘레는 1m까지 성장한다. 수종으로 50여 종이 있으나 우리나라에는 3-4종에 불과하며, 뿌리에서 질소를 저장함으로 척박한 땅에서도 잘 자라는 생명력을 가지고 있다. 해발 300m 이상 고산지대에서는 잘 자라지 않고, 자란다 하더라도 유밀이 적다.

미국은 루즈벨트 대통령 시절 테네시강 유역의 황폐지 복구에 이 나무를 심어 성공했다. 1710년 헝가리는 이 나무를 도입, 용재, 밀원, 사료, 관상, 토양보전 등 나누어 심고 개량 육종함으로써 가장 수익성 높은 헝가리의 대표 수종으로 만들었다. 헝가리의 참나무림과 아카시림의 생산량 비교를 보면 아카시나무의 윤벌기가 30년으로 짧아서 참나무 림의 윤벌기인 90년 동안에 3번을 벌채할 수 있다. 같은 기간에 아카시나무의 임목 생산량은 참나무의 두 배 이상이다. 아카시나무는 강도가 매우 높고 충격 흡수 에너지와 인장강도가 커서 강인하고 경도와 압축강도도 매우 크기 때문에 국부적인 파손에도 상당히 잘 견딜 수 있으며 기둥 재료로 이용하기에도 아주 좋은 재료가 된다. 과거 아카시나무의 대표적인 용도는 나무 수레바퀴였다. 높은 방수성을 지녀 잘 썩지 않아 돛대, 침목, 갱목 등으로 제한된 용도 외에 땔감으로나 생각할 뿐 용재 가치가 없는, 별로 쓸모없는 나무로 여겨져 온 것이 사실이다.

그러나 최근 가공 기술 발달에 성공함으로써 중후한 색조, 우아한 무늬와 뛰어난 강도 및 높은 보존성 등의 장점을 살려 수입재에 의존하고 있던 실내 건축의 마루판, 계단재, 치장용 무늬 단판 등의 고급 용도의 재료로도 활용할 수 있게 되었다. 현재 헝가리는 아카시나무의 종자와 꿀의 수출로 유명하다. 높이 30m 직경 1.7m까지 자라는 이 나무는 척박한 땅에서도 높은 뿌리의 질소 고정능력 때문에 생육을 왕성하게 하고 토양을 비옥하게 한다. 대기 오염에도 강해 환경 정화수로 최적격이다. 연간 꿀 생산량은 약 7천여 톤으로 전체 꿀 생산량의 70%에 달해 아카시 꿀의 생산으로 연간 7백억 소득을 올렸다. 아카시 꿀은 향취와 감미가 좋아 국내외적으로 최고의 품질을 인정받고 있으며 국내산은 이상적인 영양성분을 함유하고 있어 농산물 수입 개방 이후에도 국제 경쟁력이 있는 품목으로 전망되고 있다. 다시 말하면 아카시나무는 생장이 빠를 뿐만 아니라 비중이 크며 강도가 높고 잘 썩지 않는 등 다양한 장점 때문에 산업재료로서 유망한 수종이다.

가장 큰 나무는 경복궁과 서울대 농생대에 있다. 산림청 임업연구원에서도 아카시나무 수종개량과 목재 생산 및 이용에 관한 심포지엄에서 재질 강도가 높고 무늬도 아름다워 첨단공학을 이용해 종자 개량을 하면 최고급 가구, 철도, 침목, 통나무집 등의 다양한 용도로 쓰일 수 있는 수종이라고 지적, 산림청 임업연구원을 중심으로 수종개량과 이용에 집중 투자하겠다고 말했다. 1960-1970년대 절대 녹화 사방사업으로 심은 것이 지금은 효자 노릇, 윤벌 기간도 30년 참나무는 90년, 또 한 번 심으면 더 이상 심지 않아도 된다.

심지어 자생력이 강해 서울 난지도에는 아카시나무를 한 그루도 심지 않았지만 아카시 나무로 뒤덮여 푸른 숲과 아카시 꽃 향기, 꿀을 주는 동산으로 시민의 쉼터이자 훌륭한 공원으로 자리하고 있다. 지난날 추위에 떨 때 땔감을, 꽃은 단 꿀과 짙은 향기를, 또 노래와 시의 소재로, 잎은 영양가 높은 짐승의 먹이로, 뿌리는 침식당한 국토를 고정해 지켜 주었건만 시간의 흐름에 따라 진가와 고마움을 잊고 있는 안타까운 현실이다.

아카시나무 3,000평에서 꿀 생산량은 1,700kg 약 6드럼으로 나무로는 경제적 가치가 최고인 것이다. 그런데 이 아카시나무가 산을 버리는 나무, 쓸모없는 나무라는 사람들의 오해와 무관심 속에서 점차 쇠퇴하고 있으니 얼마나 안타까운 현실인가? 이 아카시나무가 지니고 있는 진정한 가치를 재평가하여 유용한 자원으로 활용할 수 있도록 인식의 전환이 절실히 필요한 때다.

헝가리 수도 부다페스트 시내 중심부 루즈벨트스퀘어에는 비교적 넓은 녹지가 있고 그 중앙 부분에 큰 아카시 나무가 비스듬히 누워 자라고 있다. 이 나라에서 가장 오래되고 굵다는 기록을 가졌으며 200년생이라 하니 아카시가 이 나라에 도입될 초기의 것으로 추정할 수 있다. 헝가리 사람들은 이 나무를 무척 소중하게 다루고 모든 나무들 가운데 첫째가는 문화재로 보호하고 있다. 나무줄기에 골이 지고 속살이 내다보이는 모습은 노거수로서의 높은 품격을 엿보이게 한다. 아카시가 헝가리의 임업을 부흥시킨 결정적인 수종이고 보면 그들은 이 나무를 성스러운 존재로까지 인식하고 있다. 다뉴브강에서 멀지 않은 곳에 자리 잡은 이 나무는 헝가리의 번영을 축원하는 모든 나무의 대표 격으로 보였다. 이 나무의 영광된 앞날을 빌어 본다.

지구를 살리는 나무와 꿀벌

꿀벌 사회는 흔히 여왕벌이 지배하는 왕정체제라고 생각하기 쉽지만 학자들에 의하면 꿀벌 사회는 놀라울 만큼 민주주의에 의해 운영된다고 한다. 예를 들어 꿀벌들에게 가장 중요한 선택인 미래의 보금자리를 결정할 때 정찰대 벌들이 먼저 집터를 알아보고 홍보를 하면 일벌들이 후보지들을 방문해 보고 최적의 집터를 마치 투표하듯이 결정한다는 것이다. 벌들이 과연 어떻게 투표할지 의문이 들 것이다. 날갯짓이나 엉덩이춤 등 그들만의 언어로 표시하는 것이다. 이러한 민주적 의사결정 과정과 집단지혜가 있었기에 수천만 년 동안 꿀벌 사회는 잘 유지되어 올 수 있었을 것이다. 민주주의는 영어로 democracy이다. 이는 'demos 시민, 인민'이라는 말과 'cracy 체제, 권력'이라는 말이 합쳐져서 이루어졌다.

여왕벌의 흥미로운 비밀

왕정, 귀족정과 달리 시민이 권력을 주도하는 정치체제를 의미한다. 그러나 복잡한 현대사회의 민주주의는 직접 민주주의의 한계로 인해 시민들이 대표를 선임하는 대의 민주주의로 운영되고 있다. 문제는 나라의 주인이 '시민'인데, 엄밀히 말하면 대리인에 불과한 '정치인'들이 주인인 시민을 위해 일하지 않고, 자신이나 특권층, 그리고 자본의 이익을 위해 행동할 가능성이 높다는 사실이다. 특히 시민의식이 약한 사회일수록 더욱 그러하다. 그 결과 작금의 우리나라 현실처럼 부의 급격한 편재가 가속화되고, 사회적 안전망이 무너져 공동체의 위기가 초래되기 쉽다.

　최근 벌을 키우시는 분과 이야기를 나누면서 흥미로운 이야기를 들을 수 있었다. 여왕벌의 산란율이 떨어져 꿀벌 사회에 위기가 찾아오면 일벌들이 반란을 일으킨다는 사실이다. 눈치 빠른 여왕벌은 다른 벌집을 찾아 이동하지만 그렇지 못한 여왕벌은 일벌들에 의해 죽임을 당하는 것이다. 이를 '공살'이라고 하는데 일벌들이 모여 여왕벌을 빽빽하게 에워싸게 되면 내뿜는 열과 압력에 의해 여왕벌은 죽게 되며 그 뒤 일벌들은 새로운 여왕벌을 키운다. 이는 일벌들이 평생 일만 하고 노예처럼 살아가는 것이 아니라 여왕벌에게 출산의 기능을 맡길 뿐, 꿀벌 사회를 실질적으로 운영하는 주인으로 살아간다는 것을 말해 주는 이야기였다. 일벌들이야말로 매일 열심히 일하면서도 '깨어 있는 시민'으로 살아간다고 볼 수 있지 않겠는가! 우리가 백 분의 일이라도 꿀벌을 닮으면 참 좋겠다는 생각을 간절히 해 본다.

　세계에서 면적 대비 꿀벌이 가장 많은 나라, 좁은 공간에 꽃이 피면 전국에서 꽃을 찾아 몰려들어서 꽃보다 꿀벌이 더 많을 것 같다. 친환경 산업이라 퇴직 후 꿀벌과 함께하기 위해 농가는 급증한다. 경쟁이다. 전쟁터다. 남들보다 더 많은 꿀을 생산하기 위한 욕심 많은 인간들이 만들어 놓은 꿀벌을 앞세운 전쟁터. 그 전쟁터에서 얻은 교훈은, 다함께 공멸이다. 해결책은 오직 하나 부족한 밀원식물을 많이 심어야한다는 사실! 농부의 삶의 터전은 논밭이듯 꿀벌이 살아남기 위해서는 밀원식물이 많아야 한다는 것이다. 양봉 초보자 교육할 때 양봉 입문 조건으로 이렇게 제안하기도 했다.

1. 밀원식물 식재 계획 수립 의무화
2. 밀원식물의 보호 및 관리 등 소정의 교육 이수자
3. 밀원식물 심고 가꾸고 꽃 피우기 실천 서약

앞으로는 꿀벌사육 형태는 진흥법이 제정되어 고정 양봉으로 갈 수밖에 없다면 내 주변 봉장의 밀원수 식재는 선택이 아닌 필수 조건일수밖에 없다. 지구의 0.18%밖에 안 되는 우리나라, 그런데 식물의 종류는 4,500종이 넘는 식물과 600종이 넘는 나무가 자라고, 평균 강수량1,100ml, 평균기온 11도, 아주 춥지도 덥지도 않은 온대 기후라 숲이 또나무가 자라기에 안성맞춤인 나라, 면적의 70%가 산지이고 지형이 남북으로 길게 이어져 꽃 피는 시기가 달라 그야말로 꿀벌 치기가 아주이상적인 나라인 것이다.

단순히 나무를 심는 것이 아니라 가로수, 목재수, 정원수, 관상수, 유실수, 공원수, 경제수 등으로 꽃동산 꽃길로 크고 작은 공원을 만든다면, 꽃이 피면 꽃을 보고, 꿀벌은 춤을 추고, 가을엔 열매를 수확하는 1석 3조가 되는 셈이다. 그리고 체험산업과 관광산업이 자연스럽게 이루어지고 더불어 함께하는 지상 낙원이 될 것이다!

나무 박사이신 대구대학교 류장발 교수님의 말씀이 생각난다. "10년 동안 심은 나무 천 년 동안 꿀을 주네." 해마다 4월이면 밀원식물을 심고 있는 전국의 봉우님들! 주름 깊은 이마에는 고뇌하며 견딘 365일의 흔적, 휘어진 허리는 그동안 알차게 살았다는 징표인데. 인생의 동반자 꿀벌과 값진 삶을 산 당신! 전국에 계신 4만여 꿀벌 농부께 뉘라서 감히 함부로 말하겠는가! 님께서 남긴 그 값진 수많은 흔적들 먼 훗날 후손들은 기억할 것이니 어찌 지금의 세월을 탓하리오. 비록 경제적 여유는 누리지 못했지만 천직으로 알고 꿀벌과 함께 살아온 세월 즐거웠지 않소! 우린 말할 수 있지요, 자랑스런 인생을 살았노라고!

"살아야 한다면 꿀벌과 함께 죽어야 한다면 꿀벌을 위해" "벌은 꽃에서 꿀을 따지만 꽃에게 상처를 남기지 않는다." "꿀벌이 다른 곤충보다 존경받는 까닭은 부지런해서가 아니라 남을 위해 봉사하며 희생하기 때문이다."

2006년 6월 30일 17시 꿀사동 모임에 초청된 국립산림과학원 특용수종 연구실장 정현관 박사님의 강의 내용을 요약하면 사람은 숲에서 태어나 숲에서 열매를 따먹고 옷감을 얻고 사냥을 했으며, 은신처로 삼아 생명을 보호받으면서 살아왔다. 나무와 숲은 이런 직접적인 것 말고도 깨끗한 대기를 만들어 지구촌의 모든 생명체가 쾌적하게 살아갈 수 있도록 보이지 않는 큰 혜택도 베푼다. 예로부터 우리 민족은 나무로 집을 짓고 땔감과 살아가는 데 필요한 대부분의 도구를 만들었으며, 흉년이면 나무뿌리나 껍질을 벗겨 먹으면서 위기를 넘기기도 했다. 역사 문화적으로도 단군신화에 나오는 신단수는 숭배의 대상이었고 마을의 당산목은 토속신앙의 상징이었다.

나무는 우리 민족의 희로애락을 표현하는 문학과 예술의 소재였다. 이처럼 나무와 숲이 삶의 원천으로서 인간에게 주는 혜택은 무엇과도 견줄 수 없음에도 불구하고 더 많은 것을 얻겠다는 사람들의 좁은 생각으로 인해 빠른 속도로 파괴되고 있다. 고대문명의 발상지인 메소포타미아의 바빌론 제국이나 이집트의 찬란한 문화예술은 좋은 숲이 그 원천이었다. 하지만 숲이 망가짐에 따라 함께 쇠퇴해 지금은 흔적만 남아 있다. 산업혁명 이후 급속한 물질문명의 발전과 인구 증가는 각종 공해를 유발시킨 것은 물론 숲의 파괴를 가속화해 이제 인류의 생존마저 위협하기에 이르렀다. 인공적으로 만들어진 삭막한 환경 속에서는 건전한 사고와 행동으로 밝은 사회를 만들어 가기가 힘들다.

삭막한 물질문명의 구속으로부터 인간을 해방하고 인간의 삶을 풍부하게 해 주는 것이 바로 나무와 숲이 갖는 위대한 힘이 아니겠는가? 우리가 울창한 숲을 가꿔 나가는 것은 비단 우리를 위한 것일 뿐 아니라 후손에게 물려줄 가장 값진 유산이기도 하다. 나무와 숲이 우리 후손에게 생명의 원천이 된다는 인식을 다시 한번 가다듬을 때가 됐다.

그것도 실천적인 의지와 함께 말이다.

한라에서 백두까지

자유로에서 오두산 전망대에서 그리고 임진각에서 바라보는 북녘 땅, 개성의 송학산 줄기를 바라보노라면 너무나 가슴이 아프다. 삼천 리 금수강산이 무색하리 만큼 나무 한 그루 없는 민둥산이 너무나 가슴 아프다. 민둥산이 대부분인 북한 전역에 밀원식물이 나무로 심어진다 고 상상하면 이보다 더 좋은 일은 없을 것이다. 한라에서 백두까지 삼 천리 금수강산이 꽃 피는 밀원식물로 한반도를 덮는다고 생각해 보라, 이 어찌 신나는 일이 아니고 무엇이랴. 꽃 피는 5월이면 개화전선을 따 라 꿀벌과 함께 판문점과 개성을 지나 평양을 거쳐 백두산까지, 꿀벌은 더 좋아하겠지.

통일의 길목인 파주는 이동 양봉의 전초기지가 되어 하나 된 한반도 의 허리를 가로질러 꿀벌 실은 차들은 북으로 북으로…. 상상만 해도 잠이 오질 않는다. 대선배 양봉가인 부산 사셨던 한 봉우님이 생각난 다. 백두산에 피나무 숲이 울창한데 피나무 꿀을 채취하려고, 꿀벌을 배에 선적, 배를 타고 백두산까지 이동했다고 한다. 정말 대단한 열정 이다. 6.25전쟁 포로로 북에서 벌을 치면서 살다가 탈북한 한 봉우님이 북한의 양봉 현실에 대해 이야기할 때, 민둥산에 밀원식물이나 아카시 나무는 없고 오직 일 년에 싸리 꿀 한 번을 생산하기 위해 벌을 키운다 고 했다. 나무가 없는 산에는 싸리나무만 무성하게 자란다. 그리고 보니 우리나라 남쪽에도 1960-1970년대에는 땔감이 부족하여 산에 나무를 마구잡이로 벌채하여 민둥산이 많을 때, 그때는 싸리 꿀이 많이 생산되었다고 한다. 지금 귀한 싸리 꿀은 산불이 난 지역에서는 가끔 생산되기도 한다. 북한의 열악한 환경에도 양봉은 인기가 많아 양봉을 하고 싶은 사람은 많지만, 북한에서는 밀원식물이 많지 않아 키울 수가 없다고 한다. 파주에 사는 봉우님들은 개화전선을 따라 남쪽에서 올라오며 꿀을 따는데 마지막 정착지가 비무장지대 인근 통일촌 마을이다. 나는 친구의 도움으로 판문점까지 이동하여 아카시 꿀을 생산하기도 했지만, 아직도 전국에 많은 봉우들이 파주 비무장지대 인근 청정 지역에서 아카시 꿀 생산을 희망하고 있다. 한국 양봉농협조합에서는 비무장지대 꿀을 별도로 관리하고 판매하고 있다. 하루빨리 통일이 되어 꿀벌과 함께 개화전선을 따라 백두산까지 가는 그날이 오기를 간절히 소망한다.

파주 벌꿀 특산품으로 지정되다

파주시 봉우님들과 파주 양봉협회와 연구회 임원들의 노력으로 2000년 12월 30일 파주시로부터 최우수 품목연구회 최우수 단체로 선정되어 파주 시장님이신 송달용 님으로부터 표창을 받았다. 그 당시 부상으로 받은 30만 원으로 파주시 양봉협회 기를 만들고, 또 사비를 들여 단체 경비를 줄이고 농가에 부담을 줄이기 위해 조문에 사용하는 조기를 만들어 지금까지 행사나 총회 때 사용하고 있다.

파주의 보물

이듬해 3월 시로부터 파주 비무장지대 벌꿀이 파주 특산품으로 지정되었다는 통보를 받고 얼마나 기뻐했는지, 지금 생각해도 가슴 벅찬 일이 아닐 수 없다. 지금은 멋진 건물에 파주특산물 판매장이 임진각에 마련되어 파주를 찾는 관광객들에게 판매를 하고 있지만, 초창기엔 간이 천막을 치고 벌꿀과 특산물인 인삼, 장단콩, 파주쌀, 버섯 등을 판매하고, 밤이면 순번을 정하여 천막 속에서 노숙을 하면서 벌꿀을 홍보하는 어려움을 겪기도 했다.

그로부터 파주시에서 주관하는 모든 행사에는 참여하며 비무장지대 벌꿀을 홍보하였는데, 특히 서울 코엑스에서는 매년 행사에 참여하며 홍보를 많이 했던 기억이 난다.

그 후로 일산 킨텍스, 수도권 백화점 등 각종 행사 때마다 품질 좋은 파주 비무장지대 벌꿀 홍보로 인기가 많아지고 파주시나 경기도에서 하는 모든 행사에 많은 소비자가 찾아 주어 파주 특산품 비무장지대 벌꿀은 꼭 참여해야 한다는 지시로 빠짐없이 초청되어 행사에 참여해 왔다. 소비자들이 좋아할 수밖에 없는 천혜의 자연 그대로 임진강변의 자연환경과, 인간의 손길이 닿지 않는 비무장지대 지뢰밭, 지구촌 유일의 자연 생태계가 살아 숨 쉬고 있는 곳에서 생산된 꿀. 1953년 7월 27일 정전 협정으로 그렇게 한국전쟁의 유산으로 남아, 70년 동안 오롯이 보존하고 있는 지구촌 유일의 비무장지대는 파주의 보물이다.

아이러니하게도 지뢰가 동식물을 보호하는 곳! 누가 돌보지 않아도 철 따라 동물들이 노닐고 다양한 들꽃들이 피어나는, 그야말로 동식물들의 지상 낙원이 아니던가. 식물은 거의 다 꽃가루받이를 통해서 씨앗이라는 자식을 생산한다. 만일 꿀벌이 사라져 이를 돕지 못한다면 어떤 일이 발생할까? 식물은 제대로 된 결실을 기약할 수 없을뿐더러 식물을 먹이로 사는 동물들에게는 생존의 위협으로 직결된다. 꿀벌이 사라지면 인류는 기껏해야 4년 정도 더 살 수 있을 것이라는 아인슈타인 박사의 예언을 되새겨볼 일이다.

우리 봉우님들은 더욱 살림을 가꾸고 보존하여 훼손하지 않고 후손에게 물려줘야 한다. 우리나라뿐 아니라 지구촌의 유일한 생물 다양성의 천혜의 보고, 보존가치가 높은 DMZ를 위해 인류가 함께 지혜를 모아야 한다. 그래서 "파주 비무장지대 벌꿀"이 파주 특산품으로 더욱 돋보이는 이유이기도 하다.

벌꿀 현장체험행사

2013년부터 코로나가 발생할 때까지 파주양봉영농조합 공장에서 벌꿀 체험학습을 하였다. 처음엔 파주 벌꿀을 홍보하고 꿀벌을 잘 알지 못하는 사람들에게 꿀벌의 중요성을 알리기 위해 시작하였는데, 여간 힘든 일이 아니었다. 현장 체험할 고객들이 오기 전까지 조합에서 준비할 일들이 예상외로 많았다. 대부분 참여 인원은 어린 학생들과 학생들의 학부모인 30-40대 젊은 부모층이 대부분이었다. 일단 관광버스로 40여 명이 도착하면 안내부터 시작하여 조합소개, 벌꿀 채밀을 위한 체험하기 전 안전 교육 및 안전복으로 갈아입고 주의사항을 전달한 다음 양봉장에서 벌꿀 채밀 체험을 하는 것이다. 이 과정에서 가족별로 꿀벌이 붙은 소비를 들고 기념사진 촬영을 해 주었다. 채밀장 및 교육장으로 이동하여 봉개 된 벌꿀 소비를 밀도질 한 후, 꿀장을 원심 분리기인 채밀기에 넣고 꿀을 뺀 다음, 자기만의 꿀병에 자신이 직접 쓴 꿀 병 스티커를 붙이고 꿀을 담으면 벌꿀 채밀 체험이 끝이 난다.

이어서 수벌 만지기, 여왕벌 찾기, 꿀벌 상식 OX 퀴즈, 꿀, 화분, 프로폴리스, 로열 젤리 맛보기, 꿀벌 영상 보기 등 일련의 과정들이 짧은 시간에 이루어지기 때문에 안전 문제와 그리고 체험 단계별 숙달된 인원이 필요하다. 체험행사가 있는 날에는 조합이 모든 작업을 중단하고 오로지 체험행사에만 집중해야 한다.

벌꿀 납품하는 회원사 조합원들도 오지만, 2017년 9월 "농촌 융복합 산업인증지정 업체"로 선정 이후에는 지역 초등학교부터 고등학교 학생들까지 신청하여 바쁘기 때문에 일반인들의 개인 체험신청은 도저히 받을 수가 없었다. 그나마 체험행사도 코로나로 중단되고, 지금은 원하는 업체에서 요청이 오면 조합에서 행사하지 않고, 봉산물을 가지고 직접 찾아가 꿀벌과 봉산물을 홍보하기를 일 년에 4회 정도 하는 것으로 대신하고 있다.

체험은 못 하지만 직접 고객들을 만나서 꿀벌에 관련된 모든 궁금한 질문에 답하며 궁금증을 해결해 준다. 또 꿀벌이 주는 귀중한 선물들을 골고루 맛보며 설명하니 참석한 모든 분이 좋아하며 만족해한다. 70이 넘은 나로서는 체력에 한계를 느끼지만 초청만 한다면 언제 어디든 찾아가 꿀벌과 봉산물을 알리고 홍보할 것이며, 파주양봉영농조합의 비앤비 꿀벌 이야기는 계속될 것이다.

프로폴리스 치약, (꿀) 비누 싱가포르 수출

1990년 4월 10일 꿀벌을 처음 만나면서, 각종 꿀벌에 관련된 서적을 접하면서 2가지의 작은 소망이 생겼다. 첫 번째가 국방부에 꿀을 납품하는 것이고, 두 번째가 봉산물을 해외로 수출하는 것이었다. 첫 번째 소망은 2014년 노력 끝에 이루어졌다. 두 번째 소망을 위해 부단히 노력하였지만 뜻을 이루지 못하고 몇 번의 시도를 하였지만 실패를 거듭하고 이루지 못하고 있었다. 그러던 중 2022년 4월, 드디어 봉산물을 이용한 두 가지 제품, 프로폴리스 치약과 프로폴리스 꿀 비누 제품을 진해 항만을 통해 싱가포르로 수출하게 되었다. 첫 수출의 꿈이 실현된 것이다. 이 성과는 내가 했다기보다 아들의 노력으로 이루어졌다는 것이 더 정확하다. 수출하기까지의 일련의 과정들이 내가 할 수 있는 일이 아니었다. 다행스럽게도 영어 강사 출신의 아들의 노력으로 비록 미약하지만 첫 수출이 이루어졌으니, 33년 전 꿀벌과의 인연으로 시작된 두 번째 꿈이 현실로 이루어진 셈이다.

두 가지 소망을 이루고 나서 새롭게 품은 꿈이 있었다. 그것은 바로 자라나는 우리의 미래 세대를 위해 단체 급식에 품질 좋은 천연 벌꿀을 납품하는 것이었다. 막연한 꿈으로만 두지 않고 정직하고 성실하게 꿀벌과 함께해 왔던 노력 덕분일까. 마침내 부산 지역 학교 급식 식자재 납품을 하게 되고, 첫 입고를 무사히 완료했다. 식재료를 학교 급식에 납품하려면 매우 까다로운 심사 절차를 거친다. 그 모든 과정을 통과하고 첫 입고를 했을 때의 기분은 말로 표현할 길이 없다. 보람과 긍지, 기쁨과 감사, 그리고 무거운 책임감이 뒤섞인다. 지금껏 그래 왔듯이 앞으로도 품질관리에 더욱 최선을 다하여 안전한 먹거리로 미래 세대를 키우는 일에 일조하리라 다짐해 본다. 또한 품질 좋은 꿀을 생산하며 파주양봉영농조합과 함께해 주시는 우리 조합원들에게 지면을 빌어 감사의 마음을 전한다.

프로폴리스 캔디 생산

지난 2018년 3월 프로폴리스 캔디를 OEM 생산을 하여 시판을 시작했는데, 크게 소비자로부터 환영받지는 못했다. 그런데 다음 해인 2019년 코로나 발생 이후 평소에 사탕을 싫어하던 사람도 프로폴리스 캔디를 찾는 것이 아닌가.

구강에서 프로폴리스 캔디의 효과가 정말 좋다는 걸 느끼는 것 같다. 그럴 수밖에 없는 것이 프로폴리스의 효능 두 가지 중 한 가지가 구강에서의 항균 작용이다. 그래서 요즘 프로폴리스 치약이 대세이고 프로폴리스에 관련된 모든 제품이 인기가 많고 또 많은 소비자들이 프로폴리스 관련 제품을 찾게 되는 것 같다.

지구촌에서 5년 주기로 신종플루, 사스(중증 급성 호흡기 증후군), 메르스(중동 호흡기 증후군), 코로나19(신종 호흡기 증후군)에 이르기까지 인류에 위협적인 바이러스 질병이 찾아왔다. 신종 코로나 바이러스 즉 코로나는 무려 4년째 지구촌을 강타, 사상 최악의 지구촌의 재앙으로 계속되고 있다. 지구촌에 전염병이 발생할 때마다 프로폴리스를 찾는 사람이 늘어나고, 프로폴리스를 찾는 사람이 늘어나면서, 이제는 각 가정마다 상비약처럼 이용하고 있는 실정이다 보니, 프로폴리스 캔디도 이에 편승해 소비가 늘어나는 것 같다. 그렇다면 좀 더 소비자로

하여금 쉽게 접근이 가능한 제품을 개발하여 실질적으로 많은 사람들이 바이러스 질병으로부터 도움을 받을 수 있도록 해야겠다는 생각을 해 본다.

꿀벌처럼 살아라

일벌은 자기 몸길이의 10억 배를 날아다니고, 여왕벌은 일벌의 3배 크기에 40배 오래 살고, 한 개에 1.3g이나 되는 알을 매일 1,500-2,000 개(자기 체중과 맞먹을 정도)의 알을 낳는 산란작업을 평생 하게 된다. 이런 놀랄만한 에너지 때문에 꿀을 포함한 봉산물은 강장 강정 식품으로 알려지게 되었다. 꿀은 꿀벌이 꽃에서 빨아들인 꽃 즙 성분을 전위에 저장했다가, 벌통으로 돌아와서 다시 토해 낸 것이고 벌의 타액에 포함된 효소 작용에 의해서 꽃꿀이 분해되어 꿀(전화당)로 저장된 것이다. 세계 약 150종 작물 중에 30%가 꿀벌에 의존한다. 세계 식량의 90%를 차지하는 100가지 작물 중 71% 작물에 수분작용을 한다. 꿀벌은 화분 매개를 해 주므로 식물의 수정을 도와 열매를 맺게 하고 시설 재배 및 과수 작물의 맛과 모양 생산량에 중대한 영향을 준다. 꿀벌이 수정을 해 주므로 사람이 손으로 일일이 수정작업을 해야 하는 번거로움에서 인건비와 노동을 줄이고 삶의 질을 높여 준다.

또 꿀벌은 봄, 여름, 가을 쉴 새 없이 꽃을 찾아다니며 꿀과 꽃가루를 모아온다. 그런데 불쾌지수가 높고 무더운 여름 한낮에는 벌통 속에서 나오지 않는다. 더워서 쉬는 것 같은데 사실은 그렇지 않다. 시원하기로 하면 바람도 잘 통하지 않는 벌통 속보다 산이나 들로 날아다니는 쪽이 훨씬 시원할 것이다. 꿀벌이 무더운 때 벌통 속에 있는 것은 통 안에 있는 애벌레가 더위에 지치고 약해지는 것을 보호하기 위해 날갯짓으로 바람을 일으켜 시원하게 해 주기 위해서이다.

꿀벌을 사라지게 하는 주범

그러다가 아침저녁 기온이 낮아지면 밖에 일하러 나간다. 먹이를 모으는 일보다 애벌레의 안전을 지키는 것이 더 중요하기 때문이다. 이와 같이 우리가 사는 세상은 꿀벌 같은 사람들의 희생과 나눔이 있기에 그나마 넉넉하지 않을까 생각해 본다. 그런데 이 소중한 귀한 꿀벌이 사라지고 있다. 꿀벌이 사라지게 하는 주범은 바로 인간이다. 화학비료 사용은 이산화탄소보다 온실효과가 300배 강한 이산화질소를 발생시킨다. 이산화질소는 오존 파괴의 최대 주범인데 대기 중에 자연적으로 존재하기도 하지만 현재 배출되는 양의 3분의 2는 농업 활동에서 나온다. 어디 화학비료뿐인가. 각종 농작물에 사용되는 농약과 살충제는 꿀벌이 살아가는 환경을 더욱 힘들게 하고 있다. 많은 화학비료와 농약으로 대기 중의 온실가스를 저장할 능력을 잃게 되기 때문에 유기농 농업이 절실히 필요한 것이다. 인간이 한 평생 살아가면서 소비하는 나무는 300그루(화장지, 책, 노트 등). 그렇다면 내가 태어나서 한평생 살아오는 동안 오염시킨 지구를 최소한 원래대로 돌려주려면 300그루의 나무는 심어 놓고 죽어야 하지 않겠는가.

그래야 꿀벌이 살고 꿀벌이 살아야 인간도 더불어 살 수 있지 않겠는가. 과연 꿀벌만큼 국가에 기여하는 것이 얼마나 있을까? 숨겨진 꿀벌 산업의 가치를 이제는 꿀벌이 주도하는 농축산업 사업으로 전환해야 한다. 버려진 자원을 찾아 무에서 유를 창조하는 꿀벌! 꽃을 헤치지 않고 식물의 수정을 도와주고 꿀만을 가져오는 꿀벌, 꿀벌이 다른 곤충보다 존경받는 까닭은 '부지런해서가 아니라 남을 위해 일하기 때문이다.'라고 했다.

우리 인간도 꿀벌을 닮아 대대손손 후손에게 물려줄 지구를 위해서, 밀원식물을 심는 것은 꿀벌과의 약속이다. 밀원식물로 심은 한반도! 꽃으로 뒤덮인 삼천리 금수강산을 상상하면서 칠십을 넘긴 지금 꿀벌 친구를 찾는다.

* 상담내용 : 꿀벌 입문 꿈꾸는 귀농 귀촌 희망자.
　　　　　　　새로운 일자리 찾아 꿀벌에 올인하고 싶은 분.
　　　　　　　꿀벌에 입문했지만 매력을 느끼지 못하신 분.
　　　　　　　미래 여성 양봉가를 꿈꾸시는 분.

꿀벌 키우기, 봉산물 효능, 봉산물 유통, 밀원식물 심고 가꾸기, 기타 꿀벌에 관련된 모든 것 컨설팅.

* 상담시간 : 매주 금요일(휴무일 제외) 오전 10-12시,

오후 14-17시까지.

* 상담장소 : 경기도 파주시 파산서원길 133-27

파주양봉영농조합 교육관.

꼭 일주일 전에 전화나 문자 주시고, 상담 시간과 목적을 말씀해 주
시면 감사하겠습니다.

홍익꿀벌 권세용 010-4154-8454

꿀벌과 함께하는 귀농 귀촌 아카시아꽃이 피었습니다

꿀벌은 축산업, 시군 축협 가입 이유

양봉 관련 카페 및 밴드에 올린 첫 번째 글

축산인들은 해를 거듭할수록 힘들고 어려움이 이만저만이 아니다. 가축의 질병과 환경오염의 주범이란 오명을 벗기란 쉽지가 않다. 최근엔 양봉 또한 꿀벌이 사라지는 현상과 이상 기후로 생산에 어려움이 더하여 힘들긴 마찬가지인 것 같다. 해서 지역마다 축산업협동조합의 존립마저 위협을 느끼고 있다. 다행스럽게도 양봉 조합원은 타 축종에 비해 늘어나는 추세라 그나마 다행스런 일이 아닐 수 없다. 지역별 전국 시군 축산업협동조합은 축산인의 권리와 이익을 도모하고 지역발전의 활성화로 큰 역할을 담당하는 아주 중요하고 꼭 필요한 조합이다. "꿀벌 치는 봉우님들은 시군 지역 축협에 가입하셨나요?" 만약 지금까지 가입하지 않으셨다면 꼭 가입하시길 권장한다. 지역마다 축협은 농협과 달리 재정이 탄탄하여 조합원들에게 각종 환원 사업과 지원과 혜택이 상당히 많아 우리 양봉인은 조합원으로서의 자격이 충분히 차고 넘친다. 앞으로 닥칠 축협의 어려움을 이제 우리 봉우들 모두가 축협의 중심이 되어 지역 경제도 살리고 환경오염의 누명도 벗고 새롭게 도약하는 축협으로 꿀벌과 더불어 힘차게 도약해야 한다.

두 번째 올린 글

봉우님 모두 축협 조합원이 되어야 하는 이유.

1. 2018년 11월 20일부터 축협이 양봉 기자재 판매사업을 시작(전국 시군 축협 양봉 기자재 취급, 판매 수익을 조합원에게 환원).

2. 로컬푸드 매장 하나만으로 봉산물 유통은 한계가 있다. 축협에서 수매해야 한다(국방부 납품, 해외 수출, 학교 급식 업체 공급 등 판로 개척).

3. 축협마다 사료 대리점 개설하여 안정적 꿀벌 사육 기틀 마련(안정된 가격, 수익금은 이용고 배당).

4. 대량 유통의 시작은 소분 농축장 건립은 필수, 축협마다 설치 실질적 농가에 큰 도움(안정된 품질관리, 소비자 신뢰 회복).

소, 돼지, 닭, 조합원은 감소하고 양봉조합원은 증가 추세이다 보니 지자체 시대, 조합원이 조합장 선출, 선출된 조합장은 조합원이 원하는 사업을 하는 것은 당연지사이다.

우리 양봉인 개인이 할 수 없는 사업과 유통을 조직력, 자금력, 운영능력과 추진력까지 겸비한 축협은 훌륭히 이행 가능하다. 축협 조합원에 가입하면 봉우님들은 전문적인 분야인 봉산물 생산만 열심히 하면 된다. 고환율 시대에 축협에서 정부 지원 자금 최고 1억까지 이율 2% 3년

꿀벌과 함께하는 귀농 귀촌 아카시아꽃이 피었습니다

상환, 담보나 신용으로 가능하다. 주인을 기다리고 있다. 이 또한 개인의 능력 밖 축협의 능력이다. 우선 이정도로만 지역별로 이루어진다면 더 바랄 것이 없지 않겠는가?

봉우님들 모두가 지역 축협 가입으로 하루빨리 숙원사업을 해결하고, 축협과 더불어 안정된 꿀벌 산업을 지속 발전시켜야 한다고 생각한다.

세 번째 올린 글

2018년 파주연천축협을 시작으로 전국 시군 축협은 한국양봉농협과 양봉 기자재 공급사업 업무협약이 오늘도 14개 시군이 참여했다고 양봉농협이 발표했다.

"한국양봉농협은 오늘 2023년 2월 7일 자로 농협경제지주, 양주축협, 평택축협, 속초양양축협, 제천단양축협, 진천축협, 서산태안축협, 익산군산축협, 곡성축협, 순천광양축협, 화순축협, 거제축협, 하동축협, 양산기장축협, 인천축협 등 14개 축협과 양봉 기자재 공급 체계구축 시범사업을 위한 업무협약을 체결하였습니다. 한국양봉농협과 협약에 참여한 14개 축협, 농협경제지주는 양봉 농가에 양질의 기자재 및 사료공급과 양봉 농가 육성을 위한 교육 및 정보교류 등에 협력하기로 협약하였습니다. 한국양봉농협은 앞으로도 양봉산업의 발전과 양봉 농가의 실익증진을 위해 노력하겠습니다. 감사합니다."

이상은 오늘 한국양봉농협에서 발표한 내용이다. 가까운 시일 내 더 많은 축협이 참여하리라 예상한다. 한편으로 생각하면 한국양봉농협이 고맙기까지 하다.

그런데 한국양봉농협 분점으로 시군 축협이 유지되어야 하는데, 이미 분점은 경기 2개소 강원 2개소, 충청 1개소, 영남 2개소, 호남 1개소가 있다. 양봉농협 본점(안성)과 분점의 기자재 가격은 각 시군의 기자재 가격과 동일하지만 이용과 배당과 혜택에는 차이가 난다. 그렇다면 전국 각 시군의 축협의 기자재 사업을 어떻게 효율적으로 운영하여 축협 조합원에게 혜택을 줄 것인가라는 많은 고민을 해야만 한다. 이 모든 것 또한 주인인 시군 축협 조합원의 몫으로 남은 숙제이다.

봉우님들의 유일한 희망 축산업협동조합

꿀벌 치는 우리 양봉 농가에서 개개인이 생산한 봉산물, 생산까지는 전문가답게 잘했는데 품질관리와 유통 부분은 정말로 어려운 일이 아닐 수 없다. 공동생산 공동판매하는 영농조합법인에 힘을 실어 준다는 정부 시책이 더욱 그러했다. 이 어려움을 극복하고 모두가 꿀벌과 함께 잘 살아갈 수 있는 방법은 과연 무엇일까? 꿀벌 사양 관리도 현시점에서 만만치 않은 일인데, 곰곰이 생각해 봐도 정답이 궁금하다. 전국에서 양봉 영농조합법인을 설립하였지만 이런 저런 이유로 거의가 실패하거나 종국엔 개인사업체로 전환하는 예가 다반사다. 파주에도 영농법인이 4개 업체나 된다. 과연 우후죽순처럼 생겨나는 전국의 양봉 영농조합법인 설립이 맞는 걸까?

함께 잘 살아 보자고 1997년에 파주 양봉 영농조합을 설립하고 나름 열심히 준비하여 소분 농축장과 화분 반죽장 그리고 프로폴리스 제조시설까지 준비하였으며, 전국의 많은 단체나 기관 그리고 봉우님들의 견학 방문 등 나름 법인설립 노하우를 방문객에게 설명해 드리기까지 했다. 그 과정에서 전국의 봉우님들로 부터 부러움을 사기도 하고, 나는 자랑삼아 열심히 홍보도 했는데, 결국엔 생각과 달리 운영계획에 차질이 생겨서 더 이상 이대로는 운영할 수 없는 지경에 이르렀다. 조합원님들과 의논한 결과 함께 갈 수 없다는 판단을 내리고, 전문경영인에게 운영을 맡기는 것이 그나마 조합을 본래의 목적에 맞게 유지한다고 생각하고, 운영의 모든 것을 책임지고 파주양봉조합을 조합원의 의결대로 내가 인수하고 지금까지 운영하고 있게 된 것이다. 최초에 법인을 설립할 때 절대 실패하지 않는 양봉영농조합을 만들어 내리라 다짐하고 그렇게 노력해 왔는데 결국엔 법인설립 취지에 맞지 않게 개인사업체로 전환된 것이다. 물론 나름대로 양봉인의 한 사람으로 양봉산업 발전에 이바지한다는 생각에 여전히 열심히 하고는 있지만, 더 넓은 관점에서 바라본다면 개인사업체를 벗어나지 못한 것 같다. "양봉영농조합법인" 종국엔 개인사업체로 운영될 수밖에 없는 구조, 언젠가 공동체가 단절될 수밖에 없는 구조, 우리 양봉인들이 영원히 단절되지 않고 지속 가능한 법인으로 남기 위한 대책이 없는 걸까?

아니다. 방법은 있다. 더불어 함께 잘 살 수 있는 유일한 길, 꿀벌의 공익적 가치가 자연과 어우러져 남을 이롭게 하는 꿀벌과 세상을 널리 이롭게 한다는 홍익이념을 살린다면 말이다. 그렇다! 전국 춘추시대가 아니라 전국 지자체 시대이다. 그렇다면 지역을 대표하는 훌륭한 축산업협동조합이 있지 않은가? 지역 축협은 양봉인 개개인이나 영농법인이 할 수 없는 어렵고 힘든 일을 해낼 수 있는 자금력과 조직력, 운영능력, 추진력까지 겸비한 훌륭한 축산인의 유일한 지역별 단체이다. 이러한 지역 축협이 존재하지 않는가? 33년을 꿀벌과 함께하며 나름 열심히 다방면으로 노력하며 땀 흘려 왔지만, 가장 가까이 축협이 있다는 것을 까맣게 잊고 있었다. 좁은 유통시장에서 서로 경쟁하며 내가 생산한 꿀이 최고라고 소비자를 향해 외친다면 누구를 위한 외침인가? 그야말로 누워서 침 뱉는 격이 아니겠는가? 아무리 훌륭한 마케팅 실력으로 소비자에게 접근한다 해도 도토리 키재기를 벗어나지 못한다. 제아무리 화려한 포장으로 젊은이를 현혹한들 유행은 돌고 도는 법이다. 내용보다 형식에 치중하니 자칫 품질관리에 소홀함이 염려되기도 한다. 혹 내용과 형식이 완벽하여 제품을 소비자에게 어필한다고 하더라도 과연 꿀벌을 이해하고 오직 생산에만 전념하는 양봉 농가들은, 수준 높은 소비자들과 과연 소통할 수 있을까? 만약 극소수의 양봉인만 가능하다면 다수의 양봉인은 소비자와 소통은 영원히 요원할 것이다. 마케팅을 아주 잘하는 전문가, 또 포장을 잘하여 시대 흐름에 앞서가는 유통전문가, 지자체의 도움으로 공동의 생산과 판로 개척으로 법인을 설립하여 운영은 잘하고 있으나 마지막엔 개인의 사업체로 전환된 영농조합법인 등, 이러한 모든 유통에 관련된 사업들은 소비자를 상대로 우리 양봉인이 감당하기엔 역부족이고 설상 감당한다 한들 다수가 아닌 소수일 것이다. 그렇다면 역시 정답은 지자체마다 하나씩 존재하는 시군 축산업협동조합을 이용하여 지금부터라도 양봉 농가가 감당하기 불가능한 소비자 상대 유통 사업을 믿고 맡기는 것이 너무나 당연하다고 생각한다.

시군마다 있는 축산업협동조합은 훌륭한 유통전문가가 있어, 감히 우리가 할 수 없는 큰 시장을 공략할 능력인 자금력, 조직력, 운영능력까지 겸비한 완벽한 단체이다. 하여 우리 양봉 농가가 할 수 없는 유통을 훌륭히 수행할 것이다. 축산업협동조합은 지역경제를 살리는 단체로 축산농가의 어려움을 지원할 뿐만 아니라 정부에 건의하여 정부의 지원까지 받아오는 일석삼조의 업무를 수행 가능한 단체라고 할 수 있다. 그나마 우리 양봉 농가의 이익을 대변하는 한국양봉농협이 유일하게 하나 있지만 전국의 양봉인을 상대로 하는 역할이라, 지자체의 세심한 지역 균형발전까지 감당하기란 한계가 있고 또 쉽지 않은 일이었다. 한국양봉농협이 할 수 없는 일, 즉 지자체 업무는 시군 축산업협동조합이 할 수 있다. 또 한국양봉농협의 업무를 시군 축산업협동조합은 업무 수행을 대신할 수 있다. 그리고 지금은 전국 시군 축산업협동조합에서 양봉 농가가 필요한 양봉 기자재 사업을 이미 2018년부터 시작하여 전국으로 확대되고 있다. 대소 가축으로 지구촌 환경이 오염되어 축협이 위축되고 축협 조합원이 감소되고 있는 시점에서 볼 때, 양봉 농가 모두가 축협 조합원으로 등록한다면 축협도 살리고 양봉 농가도 살 수 있는 유일한 길이라 다시 한번 강조하고 싶다.

고양시 축협은 양봉 조합원이 300명이 넘는다. 축협 조합장은 이제 양봉인의 손으로 선출된다. 양봉인에 의해서 선출된 조합장은 조합원이 원하는 사업을 할 수밖에 없다. 전국의 양봉인은 하루빨리 축협의 조합원이 되어 지역 경제도 살리고 양봉 농가도 살리고 그래야 꿀벌과 함께 파괴된 자연생태계도 살리고 우리 자녀들에게 물려줄 지구를 건강하고 아름답게 회복시킬 수 있을 것이다.

다섯 번째 올린 글

조합원이 700여 명인 ○○축협은 그 가운데 꿀벌 치는 조합원이 300명이 넘는다. 지난 3월 8일 전국 농축협 조합장 선거에 아마도 꿀벌 치는 농가에 의해서 당락이 결정되었을 것이다. 그리고 이 축협에 가입하려면 출자금은 이천만 원이다. 그리고 조합원이 되면 자녀 장학자금은 무려 이백만 원이 나오며, 올해는 꿀벌 기자재를 140만 원 구입하면 70만 원을 환불해 준다고 한다. 관광성 선진지 견학은 매년 2회 실시한다. 이뿐 아니라 꿀벌 조합원에게 특별히 양봉 지도 관리사 직원을 두고 농가를 순회하며 지원 및 어려움 등 컨설팅을 해 준다고 하니 ○○ 축협은 양봉 조합원 중심으로 운영될 수밖에 없는 구조구나 하는 생각이 든다. 이러한 내용은 기존 축협과 비교되는 것인데 이 외에도 조합원에게 주어지는 혜택을 실 양축 농가 조합원에게 누릴 수 있게 하는 원동력은 과연 무엇일까? 전국 시군 축협은 대부분 연간 얻어지는 수익의 약 80%가 비조합원의 금융상품으로 이루어진다고 한다. 그렇다면 나머지 20%만 조합원들에 의해 수익이 발생하는데, 전체 수익의 100%는 축협 발전과 조합원의 몫으로 쓰여진다고 하니, 다시 한번 전국 시군 축협의 운영 실태를 생각하게 한다.

위에 올린 다섯 가지 글은 지난 2022년 12월 29일부터 2023년 4월 12일까지 양봉 관련 카페와 밴드에 5회에 걸쳐 올린 글이다.

나는 축산인

파주양봉영농조합법인은 1997년 3월에 설립한 파주 유일의 꿀벌을 키우는 양봉인의 단체이자 영농법인이다. 국내에 수많은 양봉영농조합법인이 설립되었지만, 꿀벌을 치는 순수한 농가 단체로 성공을 이룬 양봉영농조합법인은 아직 보지 못했다. 전국 시군마다 설립한 양봉 법인, 개인보다 법인에 더 많은 관심과 지원을 해 준다. 정부 시책에 힘입어 생산 농가들의 뜻을 모아 정보 공유를 통해 다수확, 판로개척, 밀원 식물을 심고 가꾸기까지 시작은 정말 창대했다. 특히 파주양봉영농조합은 2006년 식약처로부터 건강기능식품인 프로폴리스 제조 허가를 취득한 후로 전국에 있는 많은 양봉 단체에서 견학을 오고, 그때마다 찾아온 양봉 농가에 말하기를 비록 성공은 하지 못해도 실패하지 않는 조합을 만들겠노라고 강조하고 다짐하며 나름의 방법을 설명하기도 했다.

하지만 양봉 조합을 운영하면서 가장 어려웠던 것들은 한두 가지가 아니었다. 그중 가장 극복하기 힘겨웠던 것은 경제적 공동체 운명이었다. 경제적으로 생활이 넉넉하지 않은 양봉 농가들과 함께 경제적 공동체로서 함께한다는 것은, 운영자의 자기희생 없이는 불가능한 일이었다. 법인 설립 목적과 뜻은 좋았지만 현실과는 거리가 있었다. 이러한 현실 때문에 전국에 있는 양봉 영농 조합 법인은 유명무실한 양봉 단체로 전락할 수밖에 없었다. 종국엔 개인의 법인이 되고 마는 것이다. 그렇다면 양봉 영농 조합 법인의 운명은 요원한 것인가.

아니다. 양봉 농가들을 대변하는 법인 단체는 전국 시군마다 있다. 우리 양봉인은 축산인이다. 그렇다면 축산업자들이 축산물의 공동 구입, 판매 및 보관, 사료의 수급 등을 위하여 조직한 협동조합이다.

축산업협동조합은 1981년 1월에 세워진 뒤 2000년 농업협동조합과 통합, 2000년 7월 농협 중앙회로 통합되었다. 시군마다 있는 축산업 협동조합 양봉 농가 모두가 축협의 조합원으로 가입하면 농가 모두가 축산업협동조합의 주인이 되는 것이다. 축협에서 운영되는 모든 사업장이 조합원의 노력과 힘으로 결정되고 진행된다. 축협은 금융사업, 축산물 유통구조 개선, 조합원의 구조, 봉산물의 보관, 판매 같은 사업을 공동사업 형태로 대행해 준다. 시군 축협의 조합장은 조합원의 투표로 선출하고 축협의 발전과 조합원의 이익을 대변하며 많은 일들을 임기 동안 열심히 한다. 조합원들이 보기에 짧은 임기 동안 축협과 조합원을 위해 헌신적으로 진심을 다해 최선을 다하고 조합원들에게 감동과 이익을 주었다면 재선도 가능하다. 하지만 그렇지 않고 축협 발전과 조합원에게 실망을 주었다면 조합원의 투표에 의해 새로운 조합장이 선출될 것이다. 양봉 분야뿐이겠는가. 각종 축종(소, 돼지, 닭 등 여러 축종)에 관련된 모든 사업을 추진, 조합원이 원하는 축산업 발전으로 진행 추진될 것이다. 우리 양봉인은 안정적으로 꿀벌과 함께 봉산물 생산에만 전념하면 된다. 전국 각 시군에 정부가 인정한 훌륭한 축산업 협동조합이 있기에 양봉 농가 모두가 축협 조합원이 될 때 양봉 농가 모두가 축협의 주인이 되는 것이다.

꿀벌과 함께하는 귀농 귀촌 아카시아꽃이 피었습니다

로컬푸드

    2012년 전북 완주 용진농협에 최초로 도입된 로컬푸드(Local Food) 직매장이 2023년 기준 전국에 800개 이상의 점포가 있다. 정부는 로컬푸드의 사회적 가치에 주목해 로컬푸드 직매장 확대는 물론 공공 급식 등에 지역 농산물을 공급함으로써 로컬푸드의 유통 비중이 20%까지 확대할 계획이고 실제로 이에 육박하고 있다.

    로컬푸드는 영세하고 고령인 농가들에게 새로운 판로를 제공함으로써 농가 소득 향상에 기여하고 있다. 소득 창출로 인한 지역 경제 활성화와 고용 창출, 도농 교류, 소비자 건강증진에도 이바지하고 있다. 물류 이동거리 단축과 과대 포장 감소 등에 의한 환경보전 효과도 크다. 이러한 로컬푸드를 한 단계 더 발전시키려면 선진 사례를 참조해 여러 개선방안을 모색해야 한다.

    먼저 대도시로 로컬푸드 시스템을 확산시켜야 한다. 수도권 및 서울 등지에 보다 많은 농가들에게 판매 기회를 제공해야 한다. 최근 확산되고 있는 로컬푸드 매장은 경기도만 500개 점포이며 그 어떤 유통 구조보다 로컬 매장 유통 성장 속도가 가장 빠르게 성장하고 있다.

    국민 경제에 농업이 차지하는 비중은 2%이다. 농업에 종사하는 인구는 매년 10만 명씩 감소하고 농가 소득은 1994-2017년 사이 천만 원 미만, 경기도는 농민 평균소득이 800만 원 정도다. 해마다 수확한 쌀이 남아돌아 보관료만 국세 수백억이 지출된다. 농민이 수확한 벼 수매가 격 인하로 농민은 기가 찰 노릇이다. 물가가 오르고 채솟값이 올라가 니 정부에선 외국산 채소를 수입하여 소비자 가격을 낮춘다. 채소 재 배 농가는 원가에도 미치지 못하는 무, 배추를 수확하지 못하고 논밭에 방치하는 것이 지금의 현실이다.

만약 대한민국 농민이 모두 사라진다면 어떻게 될까? 지금은 지구 촌이 이념전쟁이 아닌 식량전쟁이다. 지난 2022년 12월 17일 유엔 총 회에서 일하는 농민들의 권리선언이 찬성 121개국, 반대 8개국, 기권 54개국(한국 포함) 결과로 통과되었다. 가장 중요한 내용 중에 하나는 "종자의 권리는 농민에게 있다."이다. 기업이 아닌 농민에게 종자권을 주어야 한다. 종자는 파는 대상이 아니고 나눔과 교환으로 가능해야 한다. 세계 종자 시장의 52%를 2대 기업, 즉 곡물 메이저에 의해서 세 계 곡물 시장이 지배되는 구조이다. 유엔이 바라는 것은 근로자를 고 용한 기업농이 아닌 순수 가족농의 시대를 원한다. 그래서 채택된 것 이 "가족농의 해 10년"이다. 환경이 오염되고 바다는 방사능이 유출되 고 전 세계가 GMO 식량으로 우리의 먹거리로 침투한다. 덧붙여 기후 위기로 극심한 더위, 추위, 일시적 한파와 폭염, 온난화로 병충해가 증 가하고 월동 및 국경 이동 등 인간이 통제할 수 없는 능력 밖의 일들이 인간의 삶과 생명을 옥죄어 온다. 아마도 이러한 현실을 직시해 유엔 이 "가족농의 해 10년"(2019-2028)을 채택하지 않았나 생각된다. 때를 같이해 우리나라의 로컬푸드 운동이 확산되고 전국의 로컬푸드 매장이 늘고 있다. 또 로컬푸드 매장에 출하하는 농민은 대부분 소농이다. 다시 말해 유엔이 바라는 가족농인 것이다.

귀농 귀촌에 앞서 전국 시군마다 있는 로컬푸드 매장에 농축산물을 생산 납품한다는 것은 귀농 귀촌 시 최우선적으로 고려하고 계획을 세우는 것이 가장 빠른 농업농촌의 정착과 경제적 소득창출의 지름길이라고 강조하고 싶다. 땀과 노력과 진심이 담긴 저농약, 유기농, 친환경 재배로 생산된 농산물은 가장 신선한 농산물로 소비자에게 사랑받을 수밖에 없지 않은가.

수도권에서는 수천 평의 로컬푸드 복합센터를 건립하여 대형 마트까지 납품하고 있다. 어디 이뿐인가. 안전, 안심, 신뢰를 바탕으로 신선한 농산물은 기본이고 맛있는 농산물로 이어지고 이로 인해 공공 급식, 학교 급식, 군 급식, 일반 식당 납품까지 납품하게 될 로컬푸드 출하 농산물은 해를 거듭할수록 인기와 성장 속도는 지금으로서는 상상할 수도 없을 것이다.

귀농 귀촌을 결심하고 실행한 당신은 제2의 인생의 절반은 성공한 것이다.

귀농 귀촌

시골에 땅을 구입하여 귀농과 더불어 꿀벌과 함께 전원생활을 하려고 한다면 자기 땅에 대한 개발 마인드를 갖고 있어야 한다. 꿀벌과 함께 전원생활을 하면서 땅의 가치를 높이고 땅을 이용해 꽃이 피고 열매가 열리는 밀원식물을 심어 돈을 벌 수 있다면 얼마나 좋을까 하는 생각을 한다면 주변과 자연환경을 최고의 가치로 인정해 주어야 한다.

첫째, 밀원식물을 가꾼 만큼 가치는 올라간다. 원래 좋은 땅은 없다. 좋은 땅은 만들어진다. 볼품없던 땅도 잘만 가꾸면 몇 배의 가치를 만들어 낼 수 있다. 가꿀 때는 반드시 테마를 만들어야 한다. 이렇게 되면 땅의 가치는 올라가고 사계절을 이용한 테마는 돈이 된다.

둘째, 주제를 파악해야 한다. 이 땅에서 무엇을 할 수 있는지를 단순하게 전원주택이나 지어 꿀벌 치면서 만족할 것인지 아니면 또 다른 수익을 얻겠다면 그 땅과 꿀벌과 맞는 주제를 정확하게 정해야 한다. 전원 카페를 이용해 봉산물을 홍보, 판매를 하거나 또 나무만 심는 것이 아니라 밀원식물이면서 꽃과 열매를 이용한 이벤트를 어떻게 할 것인지 심사숙고하여 가장 현명한 선택을 해야 한다.

셋째, 욕심은 금물. 환경은 살리고 집은 죽어야 한다. 집은 짓는 시간부터 손해지만 땅은 가꾸는 만큼 이익이다. 중요한 것은 땅을 가꾸더라도 자연환경을 살려서 가꾸어야 한다.

산과 나무는 구걸하거나 구애하지 않는다. 지치고 힘든 자들을 말없이 품어 준다. 그래서 좋다.

지금 하십시오
내 뜰에 꽃을 피우고 싶으면
지금 뜰로 나가 나무를 심으십시오
내 뜰에 나무를 심지 않는 이상
당신은 언제나 꽃을 바라보는 사람일 뿐
꽃을 피우는 사람은 될 수 없으니까요

지금 뿌리십시오
좋은 사람이 되고 싶으면
지금 좋은 생각의 씨앗을 마음 밭에 뿌리십시오
지금 뿌리지 않으면
내 마음에 나쁜 생각의 잡초가 자라
나중에는 아무리 애써 좋은 생각의 씨앗을 뿌려도
싹조차 나지 않을지도 모르니까요.

귀농 현장 잘 고른 땅의 12가지 조건
----

1. 지적도상 도로가 있는 땅

2. 자연 마을과의 거리 200m 이내의 땅

   (멀지도 가깝지도 않은 적당한 거리)

3. 구거(도랑)에 접한 땅

4. 평지보다는 경사도가 약간 있는 전망이 탁 트인 땅

5. 뒷산이 완경사지로 된 땅

6. 지세가 남쪽으로 향한 땅

7. 자연스럽게 들어오는 물을 볼 수 있는 땅

8. 도로보다 지형이 높은 땅

9. 주변이 아늑하게 느껴지거나 편안함을 주는 땅

10. 정사각형보다는 직사각형으로 도로에 접한 부분이 긴 땅

11. 지하수 개발이 쉬운 땅

12. 주변에 혐오시설이 없는 땅

귀농 시 좋은 시골 집 고르는 요령
----

1. 지적도상 도로가 있는 주택

2. 2차선 도로에서 300m 이상 떨어진 주택

3. 뒤로 완경사지의 야산이 접해 있는 주택

4. 세대수가 많은 단지 내 주택

5. 도로보다 높은 자리에 있는 주택

6. 남향 부지에 지은 주택

7. 농가 주택인 경우 자연마을 한쪽에 위치한 주택

8. 지대가 높아 시야가 탁 트인 주택

9. 앞산과의 거리가 300m 이상 떨어진 주택

10. 주택의 위치에서 산만한 감이 없어 온화한 느낌이 드는 주택

11. 주변에 혐오시설이 없는 주택

투자하기 좋은 산의 조건 9가지

1. 도로와 가까이 붙어 있는 산

2. 물이 좋은 골짜기 안쪽의 산

3. 남쪽이나 남동쪽을 향하는 산

4. 땅 심이 깊은 산

5. 경사 완만한 산으로 대략 15° 이하의 산

6. 가급적 해발 500m 이하의 산(경사도가 좋으면 700m까지 가능)

7. 산줄기가 갈빗대처럼 펼쳐진 겹산

8. 전체 면적 가운데 밭으로 이용할 수 있는 공간이 넓은 산

9. 정부나 사찰의 규제를 받지 않는 산

※ 이러한 좋은 산들은 가격이 높기 때문에 가격이 낮은 악산이지만
   밀원수를 심을 수만 있다면 그것도 좋다.

귀농에 대한 자가 진단 체크리스트

1. 건강과 체력에 자신이 있다.

2. 동물이나 식물, 곤충(꿀벌)을 좋아한다.

3. 단순 작업이라도 묵묵하고 꾸준하게 할 수 있다.

4. 다른 사람들과 어울리거나 사귀는데 힘들지 않다.

5. 사무실 작업보다는 야외에서 몸을 움직이며 일하는 것이 좋다.

6. 혼자보다 여럿이 일하는 것에 더 보람과 흥미를 느낀다.

아카시아꽃

향기로 숲을 덮으며
흰 노래를 날리는
아카시아꽃

가시 돋친 가슴으로
몸살을 하면서도
꽃잎과 잎새는
그토록
부드럽게 피워 냈구나

내가 철이 없어
너무 많이 엎질러 놓은
젊은 날의 그리움이
일제히 숲으로 들어가
꽃이 핀 것만 같은
아카시아꽃

- 이해인 -

꿀벌과 함께하는 귀농 귀촌 아카시아꽃이 피었습니다

에필로그 1

아내에게 바치는 글

아파했던 추억도 어려웠던 지난 세월도 푸른 제복으로 접어 두고, 주말도 없는 생활을 하면서 운명처럼 만난 꿀벌! 양봉은 설탕 꿀이라는 오해를 받을 때, 순수한 벌꿀을 설탕 꿀로 단정하는 소비자들의 안타까운 현실에, 해결책을 찾기 위해 꿀벌에 관련된 책을 있는 대로 밤새 탐독하고, 돈 주고 살 수도, 공부해서 자격증을 딸 수도 없는 양봉의 노하우 즉 경력, 오직 경험을 통해서 얻어지는 것이라, 아카시 꽃 필 때면 7일간의 휴가를 받아 90cc 오토바이에 맥주를 싣고 파주 관내 흰 텐트를 밤낮을 가리지 않고 찾아다녔던 지난 세월. 아카시 꽃이, 또 흰 텐트가 그렇게 많은 줄도 그때 알았다.

아카시 꿀 생산 위해 첫 이동을 할 때, 15통 꿀벌을 1톤 트럭에 싣고, 동료인 L 봉우와 함께 경남 의령으로 갔다. 정리 채밀이 뭔지도 모르고 색이 누런 아카시 꿀 몇 말을 채밀하여, 좋아라 의령에서 파주로 밤새 피곤한 줄도 모르고 고속도로를 달려왔다. 시행착오를 거치면서 조금씩 기술을 익히고 또 꿀벌의 소중함을 느끼면서, 남들이 꽃놀이 갈 때면 나는 꿀벌들의 꽃놀이를 구경하며, 퇴직하면 양봉할 거라고 동료들에게도 자랑하며 내심 맘 든든하기도 했었다.

주말이 되면 아내 손 잡아끌고 새벽같이 봉장으로 가서 연약한 여자의 몸으로 묵묵히 힘겹게 밀도질하며 채밀기 돌리는 힘겨워하는 모습에도 아랑곳하지 않고, 욕심 많은 나는 아내에게 빨리 안 한다고 나무라곤 했다. 아내가 면포를 벗으니 머리카락이 뒤엉켜 고운 모습은 온데간데없고 땀으로 범벅이 된 얼굴, 나는 곁눈질로 보면서 미안한 마음을 표현하기는커녕 마음 저쪽으로 숨겨 버린다.

이런 못난 남편으로 마흔하나에 겁 없이, 아니 절박한 마음으로, 고등학교와 중학교에 다니는 아들과 딸을 생각하며, 새벽 인력시장 나가는 심정으로 꿀벌과 함께한 지도 어언 33년이라는 시간이 훌쩍 지나 버렸다. 지난 일들이 주마등처럼 스쳐 지나간다. 비록 육신은 지치고 힘겨웠지만 살아야 한다는 강박관념으로 오직 꿀벌과 함께, 전투하듯 살다가 돌아보니 어느덧 칠십에 접어들고, 부모의 뼈가 삭아야 자식들이 자라듯이 머리카락 숱은 적어지고 신체의 어느 한 곳 성한 곳은 없지만 그저 열심히 살아온 세월이 감사할 일이다.

묵묵히 옆에서 그림자처럼 함께해 준, 나에게 전부를 다 준 아내가 불쌍하다고 생각해 본 적 없이, 나한테 밥 한 번 사 준 친구들과 선후배 지인들은 고마웠다. 답례하고 싶어 불러내고, 또 선물도 했다. 그러나 날 위해 밥을 짓고 밤늦게까지 기다리는 아내에게 감사하다고 생각해 본 적 있었던가! 실제로 존재하지도 않는 드라마 속 배우들 가정사에 그들을 대신해 눈물을 흘렸다. 그러나 일상에 지치고 힘든 아내를 위해 진심으로 눈물을 흘려 본 적은 없었다.

힘에 겨워서 아파하던 아내 걱정은 제대로 해 본 적이 없었다. 친구와 사소한 잘못 하나에도 미안하다고 사과하고 용서를 구했지만 아내에게 한 잘못은 셀 수 없이 많아도 용서를 구하지 않았다.

"죄송합니다. 죄송합니다. 이제야 알게 돼서 죄송합니다. 아직도 전부 알지 못해 죄송합니다. 그래도 감히 당신만을 사랑하며 지금껏 살아왔습니다. 고마워요, 여보!"

아들과 딸 남매는 이제 제각각 가정을 이루고 우리 곁을, 아니 어미품에서 떨어져 나갔지만, 엄마 아빠에서 부모라는 이름으로 마음 깊숙이 자리 잡아, 더 소중하고 귀한 손주들과 함께 가슴속 전부를 차지하고 삶의 희망으로, 아니 황혼의 기쁨으로 가득 채우니 그 무엇을 대신하랴, 아니 생을 다한다 해도 기쁨으로 맞이하리라.

아주 작은 일에도 정성을 다하는 사람, 생김새도 이웃들과 빼닮은 사람, 내 쬐끔 안다고 말하기도 부끄러운 나. 지금도 나는 당신 덕분에 항상 감사하며 살아가고 있다고 고백해 봅니다. 여보! 함께한 힘겨웠던 지난 세월, 나를 만나 정말 고생이 많았구려. 이제 우리 앞에는 뒤에 두고 온 것보다 훨씬 나은 것들이 기다리고 있다고 생각하고 살아갑시다. 여보! 그동안 살아오면서 잘못하고 서운하게 한 것이 너무 많아서 정말 미안하고, 또 미안하오. 그리고 참으로 고맙소….

에필로그 2

꿀벌은 나의 운명

꿀벌은 언제나 가족처럼 집단생활을 한다. 꿀벌을 닮은 우리 봉우님들도 꽃이 피면 개화전선을 따라 꿀을 따기 위해 바쁘게 움직인다. 농사철 시골에서 서로 품앗이하며 농번기를 보내지만, 개화전선 따라 꿀을 따는 일은 시간을 다투기에 품앗이가 허락되지 않는다.

그래서 꿀을 따는 일만큼은 가족이 함께한다. 대부분 부부가 하지만, 벌이 많아 이동하며 꿀을 딸 때면 아들, 며느리, 시집간 딸과 사위 할 것 없이, 손주들까지, 꿀벌 못지않게 그야말로 온 가족이 꿀벌처럼 일을 할 수밖에 없다. 남들은 부부가 전국에 꽃을 찾아다니며 텐트 생활하니 얼마나 행복한 일이냐고 하지만, 아내에게는 그렇지가 않다. 노동 중에 상 노동이다. 집 안에 할 일이 태산처럼 눈에 선한데 힘들게 남편 따라갈 수밖에 없는걸 알기에 힘들어도 모든 것을 감수하며 살아가는 것이 꿀벌 치는 남편을 둔 아내의 운명이 아닌가 생각된다.

꿀벌 치는 봉우님들은 꿀벌의 공익적 가치가 너무나 크다는 것을 안다. 한번 꿀벌과 함께하면 그만두기가 쉽지가 않다. 꿀벌의 공익적 가치는 연간 16조, 그런데 양봉 예산은 1천억, 차액이 무려 15조 9천억이라고 한다. 산림의 공익적 가치는 211조 원으로 측정되었다. 이러한 수치는 2022년 국회 자료에 나와 있다고 한다. 미 농무성에서 발표한 꿀벌에서 생산되는 봉산물(꿀, 화분, 로열 젤리, 프로폴리스 등) 수익보다 공익적 가치가 143배나 더 많다고, 이미 오래전 발표했다. 우리 양봉인들은 버려진 자원을 소중히 여기고 꿀벌과 함께 그야말로 무에서 유를 창조하는 지상 최고의 일꾼이 아닐까 생각해 본다.

어찌 꽃 피는 밀원식물이 꿀벌 농가만을 위한 것인가, 지구와 환경을 살리는 최전선에서 기후변화의 어려움을 극복하면서 고군분투하는 꿀벌 벌치는 농부만의 몫만은 아닐 것이다. 최근 급격히 꿀벌이 사라지니 전국의 시설 하우스 딸기, 참외, 수박 등 비상이 걸렸다. 계획 수분에 차질이 생겨 수확기에 턱없이 부족한 과일에 그 가격도 예측하기 어렵다. 지구촌 전체에 걸쳐 이미 오래전부터 발생되어 왔다.

그러니 우리나라도 예외일 수 없다. 그렇다면 양봉 농가만 믿고 이대로 방치할 것이 아니다. 꿀벌 산업의 공익적 가치에 걸맞은 정책과 예산을 책정하고 양봉산업을 최전선에서 이끌어 가는 양봉 농가만을 바라보고만 있을 것이 아니라 적극적인 지원과 관심으로 양봉산업을 살리는 것만이, 아인슈타인이 예언한 "꿀벌이 사라지면 인류도 4년을 버티기 힘들 것이다."에서 벗어날 수 있을 것이다.

지구상에서 가장 대체 불가한 생물종 1위가 꿀벌이라고 한다. 선진국들은 많은 예산을 들여 꿀벌이 사라지는 것을 방지하기 위해 연구하고 있는데 우리는 왜 눈여겨보지 않고 흉내조차 못 내는 것일까!

마지막으로 한 번 더 강조하고 싶다. 알 수 없는 바이러스와 해충의 공격으로부터 꿀벌의 공동체가 붕괴되고 있다. 오랜 시간 인류의 풍요는 어디에서 왔는가? "우리의 죽음을 외면하지 말아 주세요."라고 꿀벌은 말할 수 없다. 다만 죽음으로 우리에게 경고해 줄 뿐이다.

인 연
정들면 어찌하나 두 가슴 콩닥콩닥
기쁨 맘 다독이며 잰걸음 숨 가쁘게
모습은 다르지만 한마음이겠지요
임 향한 걸음마다 설레임 가득한데
교우의 밝은 얼굴 반가운 님의 얼굴
육신의 전율을 숨기지 못하겠네

인고의 기다림
코로나 일구도
두 해의 흉년도
꿀벌의 실종도
산 자의 인내로

반가운 꽃 마중

남녘 풍밀 소식

봉우님 미소가

힘차게 오르는

꿀벌의 날갯짓

봉우님도 웃고

꿀벌도 꽃들도

지구가 웃는다

꿀벌이 춤춘다

지난날 과소평가했던 아카시나무와 꿀벌, 나무 중 최고의 경제수종이었음에도 가치를 인정받지 못했다. 또 꿀벌은 우리의 삶에 있어 소중함에도 불구하고, 공익적 가치의 크기만큼 인정받지 못한 미안함에 사죄하는 마음으로, 꿀벌과 아카시나무에 바치는 헌정 시다.

예전엔 몰랐다오

아카시 꽃잎이 이토록 흰 이유를

아카시 향내가 천하에 진동하는 이유를

예전엔 몰랐다오

꿀벌의 날갯짓 산천을 덮는 것을

꽃보다 진한 생명의 날갯소리
예전엔 몰랐다오

티 없는 동심 동요 속 노랫말을
하얀 꽃 이파리 떨어지는 아픔도
예전엔 몰랐다오

푸른 잎 줄기 따서 동무랑 마주하는
떨어지는 이파리 한 계단씩 오르니
예전엔 몰랐다오

해맑은 웃음소리 사방으로 흩어지는
꽃이 피고 지고 푸른 잎 어릴 적 동심
예전엔 몰랐다오

참나무 90년 아카시 30년 윤벌 기간
세 배나 빠르게 아낌없이 성장하니
예전엔 몰랐다오

삼천 평 아카시 밭 벌꿀 생산 2톤
나무 중에 최고의 경제 수종
예전엔 몰랐다오

꿀벌과 함께하는 귀농 귀촌 아카시아꽃이 피었습니다

산과 들 꿀벌이 적신 땀방울

꽃보다 귀한 생명의 나눔을

예전엔 몰랐다오

꿀벌과 함께하는 귀농 귀촌

아카시아꽃이 피었습니다

초판 1쇄 발행 2024년 2월 28일

지은이   권세용
펴낸이   이기봉
편집   좋은땅 편집팀
펴낸곳   도서출판 좋은땅
주소   서울특별시 마포구 양화로12길 26 지월드빌딩 (서교동 395-7)
전화   02)374-8616~7
팩스   02)374-8614
이메일   gworldbook@naver.com
홈페이지   www.g-world.co.kr

ISBN   979-11-388-2806-2 (03490)